高校建筑学与城市规划专业教材

建筑设计创造能力开发教程

主　编　罗玲玲
副主编　刘文军　朱　玲　付　瑶
主　审　陈伯超

U0250005

中国建筑工业出版社

图书在版编目（CIP）数据

建筑设计创造能力开发教程/罗玲玲主编. —北京：
中国建筑工业出版社，2003
（高校建筑学与城市规划专业教材）
ISBN 978-7-112-05468-8

Ⅰ. 建⋯ Ⅱ. 罗⋯ Ⅲ. 建筑设计-高等学校-
教材 Ⅳ. TU2

中国版本图书馆 CIP 数据核字（2003）第 043070 号

　　本教材运用了国内外有关创造力研究的理论，吸收了国外一些大学开设的培养学生创造性课程的实践成果，并结合国内教学实践经验编写而成。本书在内容安排上考虑到建筑学专业主干课的逻辑顺序，第一篇主要配合建筑设计基础课，第二、三篇主要结合建筑设计课，由方法到策略，逐渐深入。

　　本书共十章，主要内容包括：基本空间能力和观察能力；创造性想像与设想构绘；联想法；模拟法和类比法；创造性转化方法的训练；形态分析法和等价变换法；逆向思维与两面神思维；发现和确定问题的策略；创造性地解决问题；构思表达与表现。

　　本书可用作高等学校建筑学、城市规划等相关专业教材，也可供其他类型高等教育有关课程的教学使用。

责任编辑：李东

高校建筑学与城市规划专业教材
建筑设计创造能力开发教程
主　编　罗玲玲
副主编　刘文军　朱　玲　付　瑶
主　审　陈伯超

*

中国建筑工业出版社出版、发行（北京西郊百万庄）
各地新华书店、建筑书店经销
北京建筑工业印刷厂印刷

*

开本：787×1092 毫米　1/16　印张：14　插页：6　字数：340 千字
2003 年 8 月第一版　　2012 年 4 月第四次印刷
定价：32.00 元
ISBN 978-7-112-05468-8
(21785)

出 版 说 明

　　创造性是建筑设计的灵魂，培养更多具有创造性的建筑设计人才是时代的需要，也是建筑教育界所追求的理想。正是为了更好帮助学生理解建筑设计中的创造性思维和解决特点，掌握创造性思维的方法，提高解决问题的能力，在全国建筑学学科专业指导委员会的倡导和支持下，我们经过三年时间的努力，编写了这本教材。

　　本书运用了国内外有关创造力研究的理论，吸收了国外一些大学开设的培养学生创造性课程的实践成果，如斯坦福大学麦金教授的视觉思维体验（experiment in visual thinking）；哈佛大学威廉·戈顿的学习综摄法（Synectics）的训练。同时，国内外一些设计方法论的著作和论文也经常使我们在写作的困惑中茅塞顿开。虽然本书的作者大都为建筑系的教师，但为了加深对建筑设计的理解，我们对辽宁省的一些卓越的中青年建筑师作了访谈，他们的睿智和洞察力使我们获益匪浅。本书还使用了一些书籍和杂志的图片，在此一并向同国内外的学者、书的作者和曾给予我们支持的人表示感谢。

　　本书在内容安排上考虑到建筑学专业主干课的逻辑顺序，第一篇主要配合建筑设计基础课，第二、三篇主要结合建筑设计课，由方法到策略，逐渐深入。

　　虽然这是一本教材，但课程的设置可灵活掌握。既可单设一门课，也可以与建筑设计基础课、建筑设计课整合。开始可适当设置一些创造技法的专题讲座，随着师生的有意识的努力，最终将创造性方法的学习、训练，有机地融合到建筑设计课的教学中去。

　　使用本书的教学方法也不能采用传统的知识传授方式进行，应与建筑设计课的教学类似，主要通过解题的实践，让学生在做的过程中理解和领悟创造的奥秘。因此本书设计了大量的训练题，供教师在教学中灵活掌握，也供学生自学。

　　对学生学习效果的评价也应采取谨慎的态度。国外的一些研究结果表明，不宜在课堂上就以某种方式对学生的训练结果或创造性做出评价，认为应该受到评价的是学生对创造力的理解。培养创造性的课程目标，是使学生感受到便于充分发挥创造力的环境氛围，给学生提供亲自使用不同创造技法的机会，参与创造性的解题活动，并由此获得经验来提高创造性。

　　本书由沈阳建筑工程学院建筑系的教师编写。绪论，罗玲玲；第一章第一节，汝军红；第二节，杨胤；第二章第一节，罗玲玲；第二节，王飒；第三章，刘文军；第四章第一节，吕健梅；第二节，罗玲玲；第五章第一节，吕海平、曾琳；第二节，曾琳、吕海平；第三节，曾琳；第六章第一节，曾琳；第二节，吕健梅、周颖辉；第七章，毛兵；第八章，付瑶、任乃鑫；第九章，付瑶、朱玲；第十章，付瑶，其中，第八章第一、二节，第九章第三节，第十章第一、二节，部分参考了朱卫国老师发表的论文，在此向朱老师表示感谢。书中部分照片由王严力翻拍。全书由罗玲玲统稿，图片整理、文稿校对刘文军、朱玲、付瑶。陈伯超教授曾仔细审读了全部书稿，提出了许多宝贵的意见。

　　人的创造性是最难解之谜，培养创造性的教育只能依据目前的研究水平和实践成果来进行，因此这本书本身也是一个探索性的"产品"，加之作者理论水平和实践方面的局限，缺点和错误在所难免，恳请读者批评指正。

目　　录

绪　论

何谓创造？何谓创造能力？建筑设计中的创造有什么特点？建筑师的创造能力包括哪些方面？这本书对我们提高创造能力能有所帮助吗？一般人都会产生上述的疑问。

一、建筑设计中的创造

1. 创造

英文的"创造"一词是由拉丁语"creare"一词派生而来。"creare"的大意是创造、创建、生产、造成。它与另一个拉丁词"cresere"（成长）的词义相近。《旧约·全书》的创世记中有"上帝在一切不存在的情况下创造了天和地"。因此，西方文化背景所理解的创造，从词源上分析，就是在原先一无所有的情况下，产生出新东西。创造特别强调独创性，然而，任何创造都不是无中生有，而是在前人创造的基础上有所突破，所以要论创造二字的含义，中国语言中的创造更贴切实际。根据《词源》的解释，"创造"，是由两个字组合的，"创"的主要意思是"破坏"和"开创"，"造"的主要含义是"建构"和"成为"。所以"创"和"造"组合在一起，就是突破旧的事物，创建新的事物。

创造是各式各样的，不同的领域有不同的创造。如科学上有发现，艺术上有创作，管理上有创新，技术上有发明革新。建筑设计兼有艺术和技术双方面的特点，因此建筑设计的创造又常称作建筑创作。

依据水平的高低、影响范围的大小，又可分为不同层次的创造。美国创造心理学家 I·泰勒，曾提出划分"创造五层次"的著名观点。他将创造分为①表露式的（Expressive）创造；②技术性的（Technical）创造；③发明式的（Inventive）创造；④革新式的（Innovative）创造；⑤突现式的（Emergentive）创造。[1]其中，表露式的创造是指普通人身上也能表现出来的即兴而发、但却具有某种创意的行为，属于最低层次的创造。荣获诺贝尔奖的重大科学发现和文学创作，则均应属于最高层次的创造。一般的建筑创作属于技术性的（Technical，非 Technological）创造，意指用一定科技原理和思维技巧以解决某些实际问题的创造。而建筑大师的创作则可达到更高水平。

---

[1] Taylor, I. A., *An Emerging View of Creative Actions*, In I. A. Taylor and J. W. Getzels (Eds.), Perspectives in Creativity, Chicago, Il1. : Aldine Publishing Co.,1975.

人们通常关注的是最高水平的创造，而忽略身边经常发生的创造。因而认为创造只是少数人的专利。确实，能做出高水平创造的人凤毛麟角，但是我们应该看到，普通人也能创造。新颖性是创造的必备条件。如果我们把是否具有新颖性的参照系定为全世界或全人类范围，创造的新颖度便必须为全世界认可；但是如果我们把创造水平的参照系定为某个局部，甚至创造者本人，水平自然降低，但对于创造者本人来说却十分重要，有时它甚至可能是其高层次，乃至作出伟大创造的坚实基础。结论是人人都具有创造能力，人人都应该做出创造。

2. 建筑设计中的创造思维特征

在建筑师接受了一项设计后，他的头脑中发生了什么？这大概是最难回答，也最有趣的问题。从职业特征上理解，建筑师既是艺术家，又是科学家、工程师、社会学家。建筑设计既要使用形象思维，又要使用逻辑思维，思维特征兼具形象性与逻辑性。形象性又具体地体现为使用视觉的思维工具（即视觉思维），逻辑性又集中体现在建筑设计是一个逻辑的解题过程。

众所周知，虽然建筑设计中也要大量地使用语言、公式等思维工具，但是，从本质上说，建筑设计所要把握和处理的对象、素材大都是视觉空间，思维的最终成果也是图或模型，语言只是辅助的工具；即使建筑师的设计有一个理念（即某种概念），他也必须用空间和视觉形象的建筑语言来表达他的理念；面对业主，他不能只交一份写满技术指标、环境指标和经济指标的设计说明书，他必须把所有的复杂要素渗透在图和模型中。用另一个语汇来说，人们也生活在一个符号的世界里，因此符号是人与人之间的一种公用的语言。建筑师的理解和经验都是用符号或形象的术语表示的，这些符号就是图形，无论是具象的，还是抽象的。

所以，我们可以认定，建筑设计中思维加工的内容、思维表达的工具主要是视觉空间的，即美国心理学家 M·H·麦金所定义的视觉思维。视觉思维的概念最早是由美国艺术心理学家鲁道夫·阿恩海姆首先提出来的[1] M·H·麦金又提出了视觉思维的操作性定义。在他看来，所谓视觉思维，就是通过加工视觉空间意象，解决问题的思维，即观看（Vision），想像（Imagination）和构绘（Composition）三者之间相互作用。麦金解释到，视觉思维借助三种视觉意象进行：其一是"人们看到的意象"，其二是"我们用心灵之窗所想像的"；其三则是"我们的构绘，随意画成的东西或绘画作品。"[2]

---

[1] 鲁道夫·阿恩海姆著，滕守尧译，《视觉思维》，光明日报出版社，1987，第85页。

[2] M·H·麦金著，王玉秋等译，《怎样提高发明创造能力——视觉思维训练》，大连理工大学出版社，1991，第13页。

视觉思维确是一种不同于言语思维或逻辑思维的富于创造性的思维。北京大学的傅世侠教授认为其创造性特征即是：①源于直接感知的探索性；②运用视觉意象操作而利于发挥创造性想像作用的灵活性；③便于产生顿悟或诱导直觉，也即"唤醒"主体的无意识心理的现实性。●

说建筑设计主要是一种视觉思维，并不排斥在建筑设计中对其他感觉的加工和表达。如创造丰富真实环境时对听觉的运用和设计。但其他感觉都不能替代视觉空间成为主角。所有的其他感觉的调动只是为了强化视觉空间的意图，只能附属于、统一于空间的创造。脱离空间的听觉、触觉、嗅觉、运动觉的想像和构思只能是音乐等其他艺术，不是建筑。运动性、时间性是音乐的灵魂，建筑是凝固的音乐，建筑把运动性、时间性空间化。流动的音乐不是空间，它是见不到的，而建筑一定是可见的（视觉化的）。

当然建筑设计又不同于其他纯视觉艺术。艺术大部分是自我意识的产物，建筑师同时受到外界事物和内心需要的影响，似乎要更多地关注外界的需要，因为建筑设计是直接解决现实中的问题。有位著名的建筑师说，接到设计任务，首先要"冷血地"分析一切客观条件，感情沸腾和想像都是下一步的事。建筑要解决实用的功能问题，需要技术的支持。有人说理性思维与想像的结合是建筑设计师最重要的技巧，我们宁可把建筑设计看作是一个主要运用视觉工具解决问题的复杂过程。

3. 建筑设计中创造性解决问题的特点

把建筑设计作为一个解题活动，其过程有以下特点：

首先，建筑设计是相当复杂的过程，在考虑空间问题时，要综合联系文化、文脉、建筑技术、环境生态、经济约束等等因素。建筑设计的创造性，有时是大气磅礴的，有时可能只体现在某一角度的创意。可以说建筑设计是解决复杂问题的过程，建筑设计需要一种综合的解题能力。

其次，建筑设计总是解决特殊的、具体的问题，而非普遍的、一般的问题。这是建筑设计与工业设计之间最大的不同。恰恰是这一点，给了建筑设计创造性最多的发挥空间。

另外，建筑设计的创造性集中体现在立意和构思过程中，但是审视问题，发现问题之所在，为解决问题确定切入点，也非常重要。"任何设计过程的第一阶段，就是去认识问题的所在，……因为对问题怎样看法、理解和明确表达出来，这与答案的实质有着不可分割的关系。"●同时，创造性地表达立意和构思的手法也具有举足轻重的

●傅世侠、罗玲玲《科学创造方法论——关于科学创造与创造力研究的方法论探讨》，中国经济出版社，2000，342 页。

●[美]FRANCIS·D·K·CHING，邹德侬，方千里译，《建筑、形式、空间和秩序》，中国建筑工业出版社，1987，第 10 页。

作用。

　　立意是创造的出发点和最核心的意念，可表现为一个概念或主题。如美国著名华裔建筑师林璎在接到在南方设计"民权纪念碑"时，对美国黑人领袖马丁·路德·金在《我的一个梦想》演讲中的一句话感触特别深，这句部分引自《圣经》的话说"除非'正义和公正犹如江海之波涛，汹涌澎湃，滚滚而来'否则我们一定不会满足。"水的形象渐渐占据了她的心灵，由此形成了设计的基本立意：用水在法院门前创造一个"发人幽思的场地"。因为水是南方最理想的要素，它那"安静、沁人心脾的本质和连续不断的声音"，"让人深思平等之路是多么的漫长。"❶

　　构思是对立意的发展和细化。同样的立意可以有不同的构思。林璎实现以水为主题的立意，构思了方形与圆形、平面与立体、黑色与白色的石块相互呼应，和谐共存，用水把它们联在一起。具体方案为一个不对称长方形的黑色花岗石照壁，上面刻着马丁·路德·金的一段话，流水从上面缓缓流过，缓慢得人们可以看清上面的铭文。照壁下面是一个被白色花岗石广场环绕的黑色花岗石圆盘，盘面上铭刻着民权运动的历史性事件，同样是流水在圆盘上流过。人们可以走到圆盘的跟前，伸手抚摸水中的铭文，体会历史的声音。可见立意更多地来自于非逻辑的跳跃，构思是围绕一个创意，运用建筑语汇和手法达到目的。

　　再有，建筑设计的题解不是只有惟一正确答案。虽然建筑设计的解题过程也具有目标指向性，在心理操作上也具有系列性和认知性，但建筑设计中的解题与物理学等学科的解题有着差别，科学解题的目标状态是惟一的，而建筑设计目标状态不是惟一的。英国建筑师勃里安·劳森在他的《设计师如何思考》一书中特意强调，建筑设计是在一系列限制（约束）下，寻求最佳解。❷这些约束包括经济的、技术的、人性化的、精神的、美学的、环境的，……等等。张钦楠也认为富有创造性的建筑师能视约束为挑战，创造性地转化矛盾，变约束为创意。❸

　　建筑师密舍尔·科约纽尔认为"建筑师的任务并不在于设想出技术答案，而是将它们转化，转为人性化；最好的合乎人类需要的解答，并不是最好的技术解答或经济解答。因此这不能简单地归纳为若干技术上的最优解答的总和。甚至也不能是种种技术的最优综合。技

---

❶[美]乔科尔曼，一个女建筑师的心灵，《建筑学报》1991.3。

❷[英]勃里安·劳森《设计师如何思考》，惠晓文、罗玲玲译，北京现代管理学院（内部资料），48页。

❸张钦楠，视约束为挑战——读西萨·佩里《观察——致青年建筑师》，《世界建筑》，2000.1，第81页。

术上的最优化仅它本身的内部规律而言，与人类的定论无关，而建筑师在技术的介入上赋予它以人类的意义。"❶

日本建筑师安藤忠雄说，建筑实用的建筑物容易，创造真正的建筑则是另一回事。什么是真正的建筑呢？那是实用功能已去而吸引我们千里迢迢瞻仰的废墟。安藤还说，在为人建造住屋之前，建筑师首先应想到人，这是为什么印度哲学视建筑为精神的创始，建筑是自觉的人道主义的使命。❷

建筑设计是一个不断发现问题和不断解题的过程。建筑学自身的发展也经历了从重视体量、外形的建筑学到空间建筑学；从单纯考虑建筑单体到以城市设计为核心，系统地处理建筑单体与地景、城市规划的关系，强调内外空间系统协调的环境建筑学阶段，直到关注自然的可持续发展与传承人类文化的广义建筑学。建筑设计的制约因素越来越复杂，并且，制约条件也不是一下子就能发现的，所以，建筑创作活动就是一个从提出问题到找到答案的过程。

二、建筑设计创造能力的培养

1. 创造力与建筑设计创造能力

让我们把对建筑设计的关注转到解决设计问题的人——设计师身上，什么样的人才能成为优秀的建筑师呢？他们应该具有什么样的技巧、方法、能力和个性？要回答这个问题，就不能不涉及创造力的概念。

在创造过程中，人是创造的主体。新的科学公式、技术发明、艺术创作、设计方案都是创造的客体。创造力是从创造主体的角度去理解创造。我们可以简单地把创造力看作是人类身上所具有的创造新事物的能力。但实际上，创造力是个相当复杂的概念。

为什么有的人能创造？为什么有的人不能创造？人和人的差别只是天赋决定的吗？对这些问题的探索，逐渐形成了创造力的概念。

每个人身上都蕴藏着创造的潜力，即潜在的创造力，又叫静态的创造力。它包括能力倾向、专业技能、创造技能和人格特征。当创造真正发生时，受环境的刺激和个人内在的心理需要的影响，会产生创造动机，调动所有潜在的因素，形成现实的创造力。

从能力倾向来说，学习建筑设计要求有较好的空间视觉化能力和逻辑思维能力。能力倾向（Ability aptitude）主要指由遗传所决定的潜在的能力发展性向。性向是指个体对某种活动(如音乐、美术等)如经训练可能达到的精练程度的潜力。能力性向主要是天赋的，但同时不否定后天的教育和训练的作用。特殊能力性向对于专业技能、技巧的掌握特别重要，天赋的情感气质特征也往往决定了一个人的风格中最

---

❶徐千里著，《创造与评价的人文尺度》，中国建筑工业出版社，2000，4 页。

❷夏慧霞，灵与肉的安息地，《书城》1999 年第 1 期，P42。

具个人化的那个"味道"。

建筑要掌握的专业技能主要包括建筑学专业知识、专业技术、专业技巧、专业意识、专业方法。如设计方案形成和表达技巧。专业技能还包括主要使用哪种思维工具，如数学家主要使用符号工具，作家主要使用语言工具，建筑师则主要运用空间视觉工具。

创造技能是一般智力的创造性发挥。创造技能包括创造性认知风格、工作风格，创造技能和方法的学习掌握。创造性认知风格大致包括感知阶段、提出设想阶段和评价阶段的认知特点。也可以从信息输入、信息组织编码、信息存储、信息调动、信息转化、信息输出几个方面发现每个人的认知风格。建筑师需要具有很强的观察力、想像力、构绘能力、逻辑分析能力以及把握全局的综合能力。

学生经过几年的专业学习，会形成与专业特征相应的解决问题风格，曾有心理学家做了个实验，让大学一年级的理科学生和建筑学专业的学生做一种拼积木的测试，他们解决问题的方式没有多大的差别。到了大学四年级，让他们仍然做这一测试，发现理科学生与建筑学专业学生解决问题的策略有了惊人的差异。理科学生总是在解题过程中探索其中所蕴涵的规律性，他们试着把有价值的信息增加到最大限度，力图发现拼图规则；而建筑学专业学生所专注的是如何尽快发现一个可接受的答案，即尽快拼出来。科学家采取的是"集中问题"的策略，建筑师们采取的是"集中答案"的策略。可见，四年的专业训练不仅使学生掌握了专业知识和专业技能，还继承了这一专业的思维方式和传统的解决问题的风格。因此，认知风格的形成与教育密切相关。

如果一个建筑师所形成的解决问题的风格只具有专业性，不具有创造性，那么他的创造力结构就是不完善的。专业技能与创造技能的有机结合才会形成具有专业水平的创造力。

一个人解决问题的风格是他的人格在认知过程中的体现，所以，人格特征是一个人具有创造性的更内在的根据。美国加利福尼亚大学伯克莱分校人格测量中心的麦金农（D·W·Mackinnon）测量了124位建筑师的创造性和他们对自我的看法。结果显示，公认的最有创造性的那组建筑师更经常地把自己看成是能发明创造的、当机立断的、独立行事的、充满激情的、勤奋刻苦的、爱好艺术的、不因循守旧的和有鉴赏力的。创造性的人格特质包括冒险、进取的动机特质和强烈的探索欲望，如好奇心的强弱、敏感性、求知欲、兴趣爱好的广泛与专一、注意力的专注等方面，还包括意志品质、自我意识中的自信、独立性和基本的人生态度以及情感智慧。

创造力结构的四个方面中，能力倾向和人格特质是更潜在、更本质的方面，专业技能和创造技能是更外显的方面。专业技能与能力倾向关系更为密切；创造技能与创造个性的关系更为密切，因此建筑设计创造能力也综合地体现为创造技能和专业技能在建筑设计中的运用。

2. 国内外建筑教育界重视创造性的培养

一般意义上的建筑设计离不开创造。因此，许多人认为，学生只要学会了建筑设计，也就自然而然地具有了创造性。然而，人们发现，事实并不完全如此。由于传统建筑教育在某种程度上存在着重结果，轻过程；重技巧，轻思维；重表现，轻创意的倾向，我们的学生与国外某些国家和地区的学生相比，在设计表达技巧方面有一定优势，但在创意方面比较欠缺。

这个问题已经得到国内建筑教育界的高度重视。近些年来，中国建筑学学科专业指导委员会在多次会议上讨论建筑教育的改革，着力解决培养学生创造性的问题。经过几年的努力，这种差距正在缩小。

国外的研究和实践对我们具有重要的借鉴意义。早在 20 世纪 50 年代，国际上一些知名大学就开始关注创造性的培养，他们把人的创造力作为一个研究领域，并在高校里开设培养创造性的专门课程。如 M·鲁宾斯坦等人在美国加利福尼亚大学洛杉矶分校最初开设的解题训练课颇有影响，他们将不同专业的学生安排在一起，以展示不同的解题策略；海斯等人在卡内基——梅隆大学也开设了类似的解题训练课，其中一些为不同专业领域提供的课程，主要教授与专业相关的特殊技能；耶鲁大学心理学家 R·斯腾伯格，于 80 年代中期提出的"应用智力解题方案"也被广泛应用；[1]斯坦福大学在 80 年代为设计类专业学生开设了"视觉思维——体验创造性思维训练"的课程。值得一提的是德国包豪斯学校早在 20 世纪 20 年代，就尝试将视觉心理学原理运用于建筑教育中，一些先驱者后来陆续来到美国，成为美国建筑教育的创新倡导者。[2]英国的一些院校，如谢菲尔德（Sheffield）大学也在 70 年代，在建筑设计专业低年级开设了设计方法学的课程，基本上遵循解决问题的过程安排内容，同时也设专门章节讨论创造性思维。[3]

1990 年，美国学者在密歇根州米德兰召开全国高校第一届创造力会议，有人在会议上收集并研究了 61 所高校的 67 个创造课程教学大纲。分析结果表明，各校开设课程的大纲都有差异，但也有相通之处，如有两个因素是为一些大纲所共同考虑的：一是课程开设与专业领

---

❶傅世侠、罗玲玲《科学创造方法论——关于科学创造与创造力研究的方法论探讨》，中国经济出版社，2000 年，439 页。

❷M·H·麦金著，王玉秋等译，《怎样提高发明创造能力——视觉思维训练》，大连理工大学出版社，1991 年，第 1 页。

❸[英]勃里安·劳森《设计师如何思考》，惠晓文、罗玲玲译，北京现代管理学院(内部资料)，第 1 页。

域的关系；二是课程训练目标的重点应放在哪里。❶可见，许多课程都是紧密结合专业进行的。

　　创造性思维的研究与方法论的讨论密切相关，建筑设计方法论的研究一直为建筑教育提供理论支持。建筑教育界如何解决培养学生创造性的问题，也从建筑设计方法论的学术著作中汲取了相当的养分。建筑界对设计方法论和方法学的关注是有传统的，国外学者撰写的建筑设计方法论的著作较多，国内翻译出版的就有德国约·狄克著的《建筑设计方法论》，美国的《建筑设计思考》（台湾，1999）等，国内学者王锦堂的《建筑设计方法论》80年代就在台湾出版，建筑大师彭一刚的《建筑创作论》，著名学者张钦楠的《建筑设计方法学》，余卓群的《建筑创作理论》，黎志涛的《建筑设计方法入门》，沐小虎的《建筑创作中的艺术思维》，张伶伶的《建筑师创造思维与过程》等都在近几年陆续出现，对建筑教育产生了很大影响。

　　建筑界的核心刊物《建筑学报》和《建筑师》上也陆续发表了一些如何培养学生创造性的讨论文章。如合肥工业大学建筑系教师（郑先友等，1998.5）在《建筑学报》上发表文章，提出了一个建筑设计的创造性思维培养体系，包括素质型人才模式培养方法，由"明理、启思、悟道和习法"组成理论素质，强调具有"发散、联结、变异和体悟"等思维能力的创造素质，实施培养体系的过程又是一个贯穿始终的循序渐进过程。❷

　　清华大学建筑学院院长秦佑国教授，在关于《北京宪章》的访谈中谈到，建筑学是科学与艺术的结合，建筑教育是理工与人文的结合，建筑教学是基本功训练与建筑理解相结合，能力培养是创造力与综合解决问题能力相结合。❸

　　东南大学建筑系的黎志涛教授，在《新建筑》（2000.1）上发表了题为"建筑设计教学的创造教育理论与实践"的文章，他的观点是为了培养创造性人才，在建筑教育中应倡导创造教育。要从建筑设计课中强化创造性思维训练的狭义创造教育，扩展到渗透学校、家庭、社会各层次的广义的创造教育。这种教育体系主要是强调发展学习主体的个性、主动性和创造性的全面教育，培养对未来的适应性、创造性、灵活性、预见性、参与性，最终逐渐成为创造型人才。❶

　　从某种意义上来说，创造能力只能培养，不能教。能教或不能

❶傅世侠、罗玲玲《科学创造方法论——关于科学创造与创造力研究的方法论探讨》，中国经济出版社，2000年，442页。

❷郑先友、苏继会、冯四清，"建筑设计教学的创造性思维培养体系"，《建筑学报》1998年第5期，第10～14页。

❸秦佑国，"关于《北京宪章》的访谈"，《世界建筑》2000年，第1期，第25页。

❶黎志涛，"建筑设计教学的创造教育理论与实践"，《新建筑》2000.1，14～16页

教，关键是对"教"如何理解。如果把"教"理解为传统意义上的说教，那么，创造不能教。如果把"教"理解成一种通过启发似的引导，改变思维观念和行为方式，从而影响环境的形成和人格塑造，因为每个人本身又是环境中的一员，那么创造是可"教"的。

就课程本身来说，是一种狭义的创造性培养，但课程的实施既包括课程内容本身是介绍创造性方法，还包括创造性地教和创造性地学。《教程》的学习不能采取知识传授的方式，与其说要靠训练、实践，还不如说要靠教师的启发和引导，靠学生自身去悟。

有的同学大概有这样的疑问"创造是无定式的，教其创造，有了定式，不正好束缚创造性，违反了创造的原则吗？"

为了解决这一问题，本书所设置的练习恰恰是让同学们不要只有一种模式，打破僵化的思维方式。书中那些创造方法的使用，其过程就是开放的，练习题的结果也是开放的，其核心就是灵活地对待一切。

不可否认，通过现有的这种方法学习创造是生硬的、非自然的。本书对那些已经具有很高创造性的学生或许帮助不大，但对大多数在应试教育模式培养下，压抑了创造本性，形成了僵化思维习惯的学生来说，将有助于打开他们心灵中的创造之门。

建筑创作的至高境界是无方法，学习创造方法是笨拙的，但达到"无招"之境界，不能舍去"有招"之途的磨练和省悟。

如果我们学校及教师的教育思想、教学方法、教学的各个环节都能基本上做到给学生的创造个性以发展的空间，给学生的创造能力以发展的机会，那么，专门的培养创造性的课程就没有必要再存在了。

三、教材内容安排和学习方法

创造性虽说不是全靠教得到，但是通过恰当的环境和教育是可以提高的。创造力的高低，先天素质一般只决定了一半，后天的教育和环境的熏陶有时更重要。如与传统的学习方法相比，创造性学习方法能够取得更好的效果，即使学习内容相同，创造性学习也能明显提高学习效果。学习这本书更需要同学们掌握学习方法，发挥积极性和自主性，研究表明，具有创造的意识和精神是创造学习的主要动力。

1. 视觉思维训练的内容和学习方法

正如诺曼·克罗和保罗·拉塞奥所说的"视觉化能力的开发是一种有助于工作的技能，而且，它对于启发一个人的创造力能起到重要作用。"[1]

配合建筑设计基础课教学，《教程》第一篇视觉思维的训练主要包括以下内容：

---

[1] [美]诺曼·克罗，保罗·拉塞奥著，吴宇江、刘晓明译《建筑师与设计师视觉笔记》，中国建筑工业出版社，1999年版，第99页。

一是针对有些学生的想像能力始终没有得到充分开发这一薄弱点，着力加强丰富想像力的训练，包括各种感觉表象的存储和利用；视觉意象的旋转控制；表象的加工过程的控制；情感的想像；情节的想像；幻想能力；抽象的视觉模式的提取、理解和转换，等等。

二是针对某些学生在观察能力上的局限性，学习一些摆脱陈腐概念束缚的观察技巧，扩大获取信息范围的广度。学会巧妙使用视觉感知能力；学会尝试从不同寻常的视觉角度去看问题；学会忘记概念标签；训练利用多种感觉感知事物；掌握变熟悉为陌生，变陌生为熟悉的技巧。

三是针对某些同学借助构绘手段进行主动思考的能力较弱的问题，加强手、眼、脑的协调，提高动手能力。既要加强图形的表达和立体模型的制作能力，又要学会快速勾勒草图，记录创意；同时还要学会使用探索型图形和开发型图形来表达和发展创意；传统的建筑设计教学对构绘能力的培养，大都局限于最后的图形或模型表达，忽视了构绘作为思维外化的一种形式，具有促进思维发展的功能。因此要强化构绘的思维功能，达到记录思维的流畅性、绘图语言的灵活性和表达的独特性。

这一篇的学习要紧密结合建筑设计基础课的教学，深入理解每一项训练的目的和意义。以建筑设计基础课最基本的训练——描建筑图为例，许多同学只把它看作是一种手头功夫的练习，其实不然。描图既训练了观察力，又为想像积累了素材。只要有意识地通过手、眼、脑不断反馈，提高的就不仅仅是线条流畅与否。另一方面，还应针对自己的薄弱环节，强化训练，推动表现力的拓展和延伸。

2. 创造技法训练的内容和方法

到目前为止，世界上总结概括的创造技法大约有 300 多种，我们筛选一些符合建筑设计创造特点的创造技法，组成《教程》第二篇创造技法训练。本书选择了四类创造技法：

第一类：能激发创意产生的联想类技法，如自由联想法、强制联想法等。

第二类：能促进构思形成的创造技法，如形态模拟法、结构模拟法、功能模拟法、拟人类比、幻想类比法和逆向思考法、符号类比法（两面神思维）等。

第三类：促进思维灵活转化的方法，如分解与组合法、省略与替代法等。

第四类：操作性很强的系统转化技法，如形态分析法、等价变换法和符号展开思考法。

上述方法主要用于建筑设计的立意和构思阶段促进思维的发散和转化。

使用的方法高明与否，运用的技巧恰当与否，都直接关系到解题结果的创造性。每个人解决问题，会不自觉地使用一些技巧和方法。由于这是一种自发的过程，过去，同学们对自己的解题方法大都没有特意进行过总结，这样带来的结果是使用策略时好时坏，十分盲目，解题能力提高很慢。创造性思维的训练则特别注重解决问题之后的方法、技巧分析，事实证明这样的训练对提高创造能力十分必要。

同学们自我提高创造性技巧，需要采取学习和内省结合的方式。学习，即试着使用书上介绍的创造技巧，先模仿，逐步内化为自己的方法。内省，就是将自己解题过程中的所有思考过程记录下来，经常反馈，从中分析使用的方法和思维习惯，发现成功和失败的原因。记录的方法可以一边思考，一边说出思路，以免思路的遗忘。也可以一边思考，一边用图记下所有的构想。然后，回过头检查分析。

需要说明的是，上述创造技法的学习训练都需要尽量在建筑设计中加以实践。这与学习游泳的道理一样，在岸上知道再多道理，如果不下水，也无济于事。同学们自学时，也可灵活地改变训练题，直接与设计任务书上的题目结合。

3. 创造性解决问题的训练内容和学习方法

与中小学生不同，大学生已经掌握了基本的认知机制，在创造性解决问题的训练中，关键是优化认知机制策略，即元认知能力的提高。元认知就是对一般认知过程的的再认知，监督和调节人的认识活动，提高认知的效率。元认知属于人类思维活动的高级控制成分。本书第三篇重点提高元认知能力，主要包括：对解决问题不同阶段运用不同的策略的感受和掌握策略的训练；对解题过程的认知训练；解题过程的调控能力训练。

同学们解决设计问题常出现的毛病有以下几种：

有的同学缺乏对前期调研的重视，或者方法不得当，解题时习惯于在没有充分地寻找到与解题有关的事实和情报，就匆忙地解决问题，最后得到的是一个不适当的方案。

还有的同学不善于分析和把握问题的实质，以为困境就是要解决的问题。没有真正弄清楚要解决的问题究竟是什么，对问题的理解过于拘泥于过去的界定，影响了创造性设想的产生，结果不是方案过于笼统，就是得出的设想流于肤浅。

还有的同学在设计中思路拘谨，想像没有充分展开，方案缺乏新意；还有的学生思维较粗糙，有了一个好的立意，但没有将其扩展，细节完善上下功夫不够。

有的同学在立意和构思方面很有创意，却给设想的表达留下了太少的时间，以至于"图"不达意。还有的同学想的太多也太细，以至于不知如何收口，在限定时间内，无法完整地表达想法，留下遗憾。

还有的同学想的与手头表达存在着距离，致使许多设计方案只停留在设想阶段，始终没有做出真正好的设计。

针对上述问题，主要进行解题策略、解题过程理解、解题过程调控三方面的训练。

（1）建筑设计的解题策略训练

创造技法的学习为了解创造性解题策略奠定了基础。在此基础上，第三篇又集中讨论解题的每个阶段应该掌握的策略。如确定问题阶段怎样列举约束条件，不断发现问题；怎样变换思考问题的角度；怎样通过系统思考，找到切入点。又如，在解决问题阶段，什么时候思维应该发散，什么时候思维应该收敛；设计手法、设计语言的如何巧妙运用等。

（2）解题过程的认知训练

解题过程的训练首先需要学生明确设计过程，创造性设计过程大致可以分为调研准备、确定问题、立意与构思、设计表达和评价五个阶段，把握这些阶段的目的是从整体上理解设计，把握时间、精力、资源的整体分配。

上面所提到的倾向，在初学者身上都可以找到。因为初学者技巧生疏，忙于应付新的课题，往往忽略对设计过程的整体把握。有些学生比较轻视某个阶段，如果偶尔出现这种情况，也许符合创造性解决问题的灵活性，但经常如此，则表明是个毛病。

（3）解题过程的调控能力训练

提高调控能力需要不断反思自己设计过程的行为，及时反馈和调节。过去同学们更重视设计结果的评价，缺少对解决问题过程的注意，很少有人指出同学们在设计过程中，战略调度上有什么缺陷。而事实证明，对过程的把握似乎比对技巧的把握更为重要。解题过程的元认知训练重点就是提高解题过程监测、反馈和调控的能力。解题过程的调控作用，一方面可以有助于很好地调节各个阶段注意力的分配，掌握任务完成的进度。另一方面有助于对各个阶段所需要的能力进行自我评价，找出每个人的薄弱环节，有针对性地加以改进。

建筑设计课教学的评图环节对提高解决问题的能力至关重要。学生不仅要注意教师对结果的评价，还要细心体会同学们的创作过程的说明和老师对过程的点评。为了提高自己对解题过程的把握能力，需要有针对性地制定明确的训练目标和重点，将设计过程每一步需要达到的目标分解成子目标，逐步达到。

4. 创造个性的培养

创造个性的塑造，要靠具有创造性的教师来引导，要靠家庭和学校给予大家一个宽松的环境气氛，要靠同学们自己在实践中磨练、感悟和升华，形成独特的风格。创造个性的形成要侧重于以下方面：

第一，丰富感情和提高感知敏锐性。培养要点是体验美的事物，形成对美的深刻领悟和强烈的表达美的愿望和能力；保持好奇心，强化观察力；训练注意力自如调动；增强敏感性，即对问题和缺陷的敏感，对不同的文化价值的敏感，对散落无序的事物中蕴藏着的有用信息的敏感；训练与别人看同样的问题时，能看出不同。

第二，增强幽默感。去除观念和行为的刻板僵化，不循规蹈矩。对混沌的、破坏性冲动的思维不要过分抑制。培养具有浪漫精神和超现实感；学会宽容的态度和延迟判断的技巧，允许暂时实现不了的想法存在，允许不同的文化和价值观，甚至是对立的、截然相反的东西的存在，容忍无序和模糊，从中找到有序和精确。

第三，倡导独立个性。培养要点是在认知上有自己的独立见解，不迷信书本和权威，在认知见解上社会性较弱，客观性较强，不受别人偏见的左右。

第四，坚韧的意志力。培养能够吃苦，敢于冒险，不怕挫折，永不言败的毅力。创造不总是鲜花陪伴，创造是快乐的，也是艰苦的。

第一篇　视觉思维训练

　　建筑是一种视觉空间的创造，解决视觉空间问题是建筑的精髓所在。正因为如此，学习建筑设计的关键是努力学会运用视觉工具进行思维，形成创造空间的能力，这便是视觉思维。视觉思维产生于观察、想像和构绘三者之间的相互作用。本篇内容主要着眼于这三大能力，通过强化性的训练，提高学生感受力（观察）的全面性、独到性和想像的变化性、新颖性，以及构绘的灵活性、精湛性。

第一章 基本空间能力和观察能力

第一节 基本空间能力

基本空间能力是人类七大智能之一，主要包括有图形记忆、形象记忆、图形搜索、图形推理等基本智力操作和立体空间能力，这些基本能力是进行建筑设计的基础。建筑设计是一种空间和形式的创造，因而，基本空间能力的培养成为建筑设计基础课程训练的主要内容。

一、图形记忆和形象记忆

1. 图形记忆和形象记忆的特征

在记忆中，记忆的素材可以是文字、符号，也可以是图形、形象。而对于形象来说，这种视觉性的记忆，其特征之一就是把整个事物的表象当成一个单元来考虑，所以在记忆中保留着记忆对象的全部实际意义，在回忆时也不易忽略掉任何东西；视觉记忆特征之二就是这种记忆不受任何像方位、照明和距离等因素的影响，在环境改变的情况下仍然能够定向识别事物的表象。而这种变形的形式或背景下，同样能识别事物的能力，恰恰是创造性思维形成的基础。创造性地突破一般都是由于发现了隐藏在事物中的某种关系或模式，这正是创造性思维所具有的特征。因此，从这一点来看，记忆又是视觉思维的基础。图形记忆和形象记忆的第三个特征是与逻辑和语言思维相比更具有灵活性，它可以不按固定的顺序对一些形象进行记忆。既可以进行有意识的记忆，也可以进行无意识的记忆；既可以是图形的记忆，也可以是形象的记忆。

建筑作为一个存在于空间中的实体，它具有图形和形象两个层面的特征。建筑作为一种视觉形象，是通过自身特定的各部分之间的联系而成一个综合的、有概念语义的形体，所反映的是特定形象的整体特征。

而对建筑来说，形式是通过形象抽象而来的，因此又具有图形的特征，其形式是从同类具体形象中提取的共同结构特征而形成的。比方说，北京天安门就是一个具体的建筑形象，是专指的，但我们还可称其为中国古代建筑的形式。这时，已把这个具体的天安门形象抽象化为形式了，是指它的结构形态、内部空间构成、材料、装饰、色彩处理等等几个方面。

2. 图形记忆和形象记忆练习

图形记忆和形象记忆训练的目的就是培养视觉记忆的灵活性和多变性，形成视觉思维的习惯，以加强直觉思维和逻辑思维之间的有效合作。

练习1 图形记忆练习

在一分钟内浏览图 1-1，然后用纸遮住图形并回答下列问题：

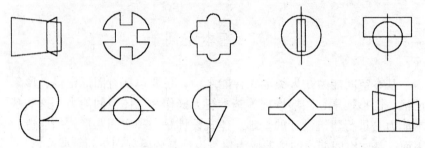

图 1-1 几何图形

(1) 上述图形中有几个方形? 几个三角形? 几个圆形?

(2) 试着不看原图形，凭记忆画出所有图形，看基本形状和细节上与原图有什么出入，找出记忆的薄弱环节，今后加强练习。

这是一种具有引导性的训练，要求在记忆时进行积极思考，寻找记忆的技巧和方法，一个人的记忆是极为灵活的，对上述的问题回答越准确，说明他的思维越灵活，越精确。

练习2 形态记忆练习

在两分钟内快速浏览图 1-2 所示八种不同风格的服装图样，然后凭记忆画出。

图 1-2 服装图样(a)

图 1-2 服装图样(*b*)

这种记忆虽然是有目的的,但只是通过事物本身的表象特征进行无意识的记忆而获得明确的结果。

练习 3 建筑形象记忆练习

建筑形象的记忆既可以通过建筑本身的结构特征来识别记忆,也可以通过建筑形象的表象联想来记忆。

例如,在五分钟内浏览图 1-3 中不同风格的建筑形象,然后凭记忆画出每个建筑的主要特征。

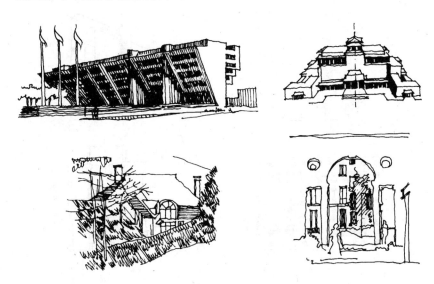

图 1-3 建筑形象记忆

二、图形搜索、图形推理

图形的搜索和推理是视觉思维的一项基本智力操作，即视觉形象对视觉空间的形成和控制的一种灵活方式。在这里，思维的工具是图形而不是文字和符号。这里强调思维从数学、文字的逻辑推理向图形推理的转化。

1. 图形搜索

图形搜索是一种有目的的寻找图形与信息的心理活动，一般包括填充辨别、寻找辨识、匹配辨识、图形归类等智力活动。

（1）填充辨识

是指根据局部不完整信息，主观有意识地添加细节，而达到辨识事物的目的。

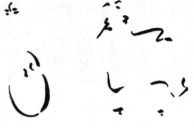

练习4　填充练习

例如，图1-4所示是两个不完整的图形，图中其他部分是什么呢？请填充完整。

图1-4　两个不完整图形的填充

（2）图形模式辨识

图形模式辨识是从背景环境中发现嵌入的某一图形，或是从图形中辨识出某种模式的一种心理活动。

练习5　建筑平面布局模式辨识

图1-5所示的一组图是一些著名的建筑的平面图（或局部），你能从熟悉的建筑中发现这些平面布局模式吗？

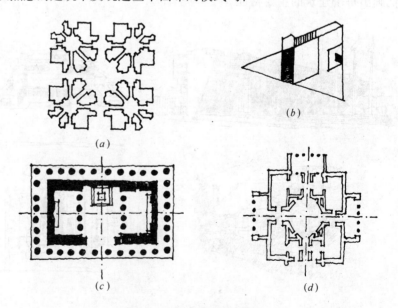

(a)

(b)

(c)

(d)

图1-5　平面布局模式辨识

（3）图形分类

图形分类是对信息进行整理的知觉过程，分类是最基本的智慧之一。

请从图1-6所示的建筑图中发现类似的元素、相同的图或符号。

图1-6　不同风格的建筑立面

2. 图形推理

图形推理是根据图形之间的逻辑关系进行判断的思维过程。图形推理训练的主要内容有：图形推理、图形归纳和图形综合等。

（1）从 A、B、C、D 中选择，哪一个应该放在问号的位置上（图1-7 a）？

（2）哪一个更与众不同（图1-7 b）？

（3）其中有一个方块不对的，请你找出来（图1-7 c）。

答案：　（1）应选 B；　（2）应选 D；　（3）应选 A

图形归纳是通过分析多幅图形，发现其中蕴涵的逻辑关系的思维。

图1-8左边是个"问题图"，是一相关序列。右边是5个"答案图"。其中一个是序列中的第5图。例如，第一行的答案是 d，我们进行归纳的相关原则是"线段向右越来越倾斜"，那么，你能归纳出另外两组吗？

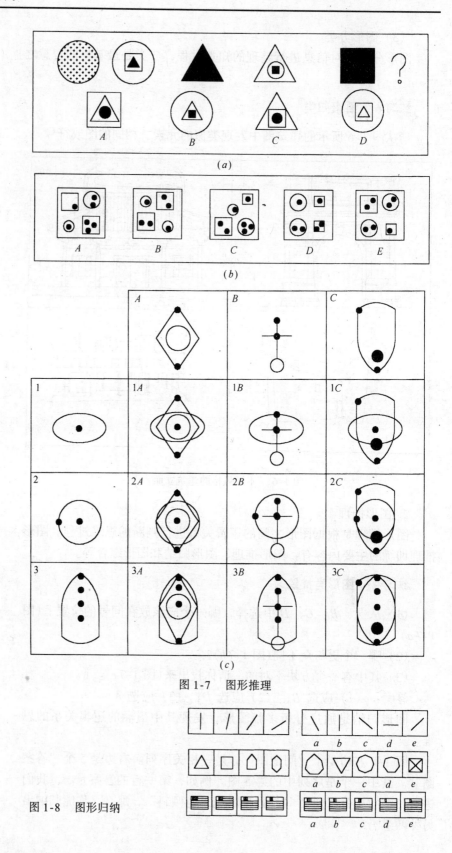

图 1-7　图形推理

图 1-8　图形归纳

三、视空间知觉能力

1. 什么是视空间的知觉能力

空间知觉是指深度知觉，即平时所说的立体知觉和远近知觉。显然，立体知觉是以视觉为基础。以环境中视觉刺激物之间的空间关系为现实资料，加上自我已有的经验，对整体情景所做的分析和判断。

2. 视空间知觉能力练习

（1）平面和立体的转化练习

例如，需要找出用金属片制作的物体与它的展开图像匹配。如图1-9所示，左边是一个展开的金属片的图形，虚线代表金属片的折弯处，右边有辨识四个物体的图形。请注意：（1）应选 *A*；（2）应选 *D*

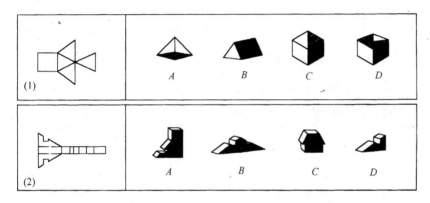

图 1-9 平面立体的转化

练习 8 立体知觉练习

要求画出图 1-10 中几个立体块的平面展开图，想像它是用纸做成的。

图 1-10 立体几何图形

（2）空间视觉化练习

例如钟表的旋转练习(图 1-11)，每道题的左边有一个钟表，接着是一个球体，上面有箭头标志，这个箭头指示钟表将如何转动，每次钟表的第一次转动要被视觉化，即在头脑中形成完整形象并能控制形象变化。第二步转动必须从第一步转动之后的方位开始，经过多次转动后，钟表应处在什么位置，右边的五个图中有一个是正确答案，请你把它挑出来。

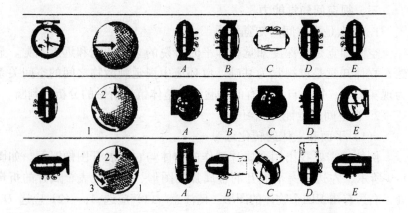

图 1-11　钟表的旋转

请认真观察所给积木模型的立体图(图 1-12)，并记忆积木的整体与细部，在头脑中形成完整的印象，然后按要求完成下述任务。

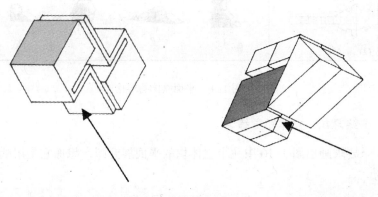

图 1-12　旋转的积木

将积木模型在头脑中旋转，请画出沿箭头方向所看到的积木的立面图，你画的画必须是这样：箭头所指的那个面应该在原立体图涂黑的那个面的位置上。

认真观察图 1-13 所给建筑形体的模型，并记忆建筑的整体与细部，使其在头脑中形成完整的印象，然后做以下练习(练习时应将原图挡住)：

(1) 将建筑模型从中间劈开，右半部分向右旋转 90°，然后将两部分拼在一起，请问这个模型有几个围合空间？有几个半围合空间？

(2) 画出旋转后的模型。

图 1-13 建筑模型

第二节 观察能力与空间体验

建筑设计是一种创造的过程，而创造并不是孤立的、凭空的，它要依赖于大量信息的积累。在前一节中，我们提到了视觉的记忆。视觉的记忆是信息积累的一种手段，而观察的能力和空间体验又是视觉记忆质量的一个大的前提。所以说，在创造之前，首先我们应该对观察能力的培养给予足够的重视。这一点很像作家，他要写出好的作品，应该"读万卷书"，而建筑师要创造出好的建筑，更要"阅读"并理解很多建筑。

同时，建筑的创造不应该是一个简单的求新求异的过程，它要求有一种美感的介入，而在美感的训练中，观察事物和体验空间的角度与深度又是一个重要的环节。所以，我们说有意义的观察，不应是一种简单的被动的过程，而是一种创造性的主动技术。它一方面可以通过学习训练来掌握，另一方面，在美感的培养方面，更需要个人情感的介入和领悟。

25

一、我们都观察得一样好吗

利用各种感官有意识地去了解周围的事物，便是通常意义上的观察。表面看来，观察是件非常容易的事情，很多人都以为我们观察得一样好。其实不然，不仅训练有素的科学家、艺术家在观察能力上高出常人，就是普通人中间，观察能力也是参差不齐的。

观察得一样好吗

如果让大家凭记忆画一个电话拨号盘，尽管你几乎天天在使用，也没有多少人能画全。很奇怪，人们没有把所"看"的每一信息都记录下来。是什么原因，使我们都在"看"，又"看"不全呢？

一种原因是输入信息浩如烟海，人不可能全盘皆收。

一种原因是人的主观干扰。自以为看了多少遍，都有了解，其实经常是在用过去的经验代替当时的看。有个医学教授带着学生做实验，他把手指伸进糖尿病人的尿样里，又放在嘴里尝了尝。然后，他让学生同样做一遍。学生皱着眉头，只好照办。其实教授伸到尿里的是食指，舔的是中指，学生犯了先入之见的毛病。而老师正是以这种办法教他们学会观察的基本功。

眼睛和相机

另一原因是缺乏动机。在自然状态下，人们只对那些更加重要的、更加奇异的信息或适于视觉记录的事物看得更清晰。如想到买双鞋，就一直在注意鞋，其他信息不会在意，除非具有吸引力的、美的东西，能激起人们的情绪反应，才会引人注目，且经久不忘。

绘画、摄影都可以提高视觉观察能力。要画树，首先要观察树。要拍树，也得围着树转上几圈，寻找最好的角度和最恰当的细节。

为了克服动机障碍，只能采取强化的观察训练。有位教师教学生拍摄风景照，他带着一瓶豆子，让学生到田野里，班上的每一个同学都要把一粒豆子扔到地里，然后告诉学生站在他的那粒豆子上，用一天的时间拍摄风景照片。这种练习就是让学生去观察。人们可以不费多大力气详细观察，就能够拍摄科罗拉多大峡谷或其他风景奇特的照片。然而，在田野里，始终站在撒的那粒豆子上，真正需要发挥视觉能力才能拍摄出一张秀丽的风景画。

练习1 画轮廓线

把一物体放在桌上，用黑色的碳素笔画物体的轮廓。

集中你的视力在轮廓线的某些点上（任何点都可以）。把画笔尖落到纸上，想像你的画笔尖正触到物体上而不是纸上。不要让眼睛离开模特，等到你确信画笔正接触在眼睛所盯住的模特上的那个点为止。

沿模特的轮廓线慢慢移动你的画笔。当你这样做时，你相信，画笔正接触轮廓线，主要是由触觉引导而不是由视觉引导的。这意味着你画画时必须不看纸，而是不断地去看模特。

协调纸和笔。眼睛或许比画笔移动得快一些，但注意不要太超前，只考虑正在画的那一点，不管结构中的其他部分。

并非所有的轮廓都沿物体的外边。只要时间允许，也可画一些内部轮廓。保持你正在"接触"模特的绝对自信感。这样边研究边画。

重复练习，画你的手或脚的轮廓。记住练习的目的是分析观察体验而不是创造杰作。

二、观察的新理解

思考在传统上被认为是一种和观察相分离的行为。据此观点，观察是收集信息的过程，思考是一种信息的处理过程，它们都是独立的封闭的。

其实，思考与观察之间是有密切联系的。如图 1-14 和图 1-15，在鸭子和兔子，年轻的妻子和岳母的转换中，就会发现视觉并不是简单的照片记录，而是一种有主动思考参与的过程。在我们作设计的过程中，经常是一边勾草图一边进行构思，在这个时候，观察、想像、构绘是同步进行的，只是我们并不总是有意识地觉察到这一点。如果经常地意识到我们的思考是由眼睛来参与的，那么，这就有助于我们更早地达到一种眼看、心想、手画结合的状态，进而在观察的过程中去不断地更新我们的视角。

图 1-14　鸭子?兔子?

图 1-15　妻子?岳母?

1. 利用想像的观察

图 1-16 在现实中是不存在的，又叫不可能图形，但是通过想像，能够"欺骗"自己的眼睛，认为它是存在的。可见，观察中渗透着想像。创造性的观察，就是尝试从不同的侧面去观察、理解，在观察中融入更多的想像。

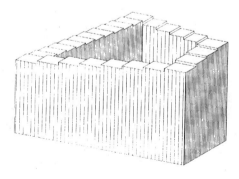

图 1-16　不可能图形

利用想像观察

练习2　大脑和眼睛，谁更自由?

取一张你所在的城市的火车站的照片，你对它并不陌生。但仍有许多细节你尚不清楚，请对这一建筑的细节进行想像，如果换个角度观察它会是什么样子，也请你进行想像。然后亲自去火车站，考察它的细节，并尝试从不同的角度去观察，体会你的想像如何帮助了你的观察。

2. 利用手帮助观察

在现实生活中，我们经常利用一些实物结构来表达我们的想法。例如，雕塑家用空心泡沫描述他们想像的世界，儿童玩七巧板拼出他们脑海中的幻想，化学家用钮扣来表达他们猜测到的原子结构。这种视觉思维的外化可以使我们的想法由抽象变得具体，由模糊变得清晰。其实，在做设计的时候，利用一些工作模型来帮助我们进行观察是一种非常直接且行之有效的办法。因为建筑本来就是三维的、立体的，它更适合于一边想像，一边制作，而不是仅靠想像就可以完成。

练习3 拆卸

取一张建筑的图片和它的模型，一边拆卸模型，一边对比图片，感觉是否观察到了新的内容。

3. 伴随推理的观察

在观察的过程中，针对同一件事物，不同的人会得出不同的结论。甚至同一个人在不同的时间，也会有不同的感受。除去其中的个性化成分，我们可以看到，对于同一个事物，我们可以用许多种推理来进行观察。

看图 1-17 这个图形，通过图—底关系的变换，采用不同的推理，可以有完全不同的两种认识，既可被看作是一个花瓶，又可以看成是两个人的侧面。

图 1-17

格式塔心理学对伴随推理的视觉作了充分的研究，提出了视觉的组织原则，包括以下几点（图 1-18）：

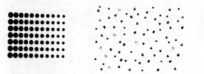

图 1-18 视觉的组织原则

（1）接近性

按刺激物间距离关系而组成知觉经验的心理倾向叫接近性。如人们把第一个图形看作是由小圆点组成的七行横线，由于接近性原则，不会看成是竖线。

（2）相似性

倾向于把刺激物按图形大小、形状相似和颜色相同分类识别的知觉经验叫相似性。因此，第二个图形看起来中间有一个"四瓣花"。

（3）闭合性

观察者运用自己的经验，主动补充刺激物之间的关系，在知觉上达到闭合或完整的心理倾向叫闭合性。正是闭合性使人们把第三个图形看作是中间黑色小正方形外面被一个白色的正方形和一个黑色的正方形包围，尽管它们不是封闭的，但人的视觉倾向于把它们看成封闭的。

（4）连续性

和闭合性颇为相似的是，人的心理倾向于把不连续的事物看成是连续的。因此，人们总是把第四个图形看作是一条箭头和一条曲线相交而成，很少有人把它看成是两个弧线与箭头相交。

知觉的组织原则早已被广泛地运用于绘画艺术、建筑艺术和服装设计中。

环境心理学家保罗·克利提出空间认知的两重性，将图—底关系的转换从图形运用到空间。当一个四周有明确边界的空间（黑色方块）被包容在另一个无限延展的空间（灰色方块）中时（图1-19），设计师是把一个黑色的空间看作是一个独立凸出的实体，而对外部的灰色空间完全视而不见呢（标准的古典主义训练）？还是把黑色空间看作是外部灰色空间的一个凹洞？克利把黑色空间定义为内向空间，把灰色空间定义为外向空间，强调一种心理的感受。

图 1-19　双重性理论示意

练习4　原则发现

用一硫酸纸覆盖在一张建筑画上，不管细节，用粗一些的毡头笔粗略地描绘出 3~5 个组合方式。例如：建筑本身的形象是由几个线条组合而成，建筑与环境的关系，天际线的形态，尺度的形成……，然后比较一下每张画，说说自己为什么这么画的理由。

三、全新的观察

有的同学苦于在观察中总是不能冲破固有的老套路，怎么办呢？训练有素的观察一般是从整体把握，然后再由点到线，由线到面，由面到体；由基面到围合，由比例到尺度，由轴线到对称，由实体到空间。

所谓全新的观察就是在观察过程中从不同的角度、不同的层面对

全新化

观察对象进行信息的搜索、推理，找寻区别于一般的信息点。在一般的情况下，面对众多的形象、众多的信息，人们会无所适从，找不出需要的信息，这时需要对观察对象进行全新的观察。

人们在观察的过程中，原有的思维方式、思维角度、记忆的信息量对人们观察的质量影响非常大，这时需要跳出原来的圈子，重新审视观察对象。可以说，人们的观察过程，首先是对"面"的整体观察，经由"线"的引导，注目于"点"的形态上。从凯文·林奇的"城市意象"理论和诺伯格·舒尔茨的知觉现象学理论也可以印证这一点。点、线、面也构成了观察的三个层面。

1. 获得全新观察的基础训练

既然已经了解到观察是由许多层面构成的，那么，在观察的时候我们就可以尝试着从不同的角度用不同的推理去观察同一事物，这样，可以使我们的观察结果相对全面一些。这种全面的观察总可以让你发现新的东西，使你对事物持有一种持久的新鲜感。

（1）观察的焦点

在一般情况下，我们观察事物总是粗略的，当密集的信息铺天盖地涌来时，必须从大量信息中作出选择，我们只能对那些符合我们暂时需要的信息作出自动反应。我们观察到大量信息，但它们并不在我们的脑海中存留印象。我们观看，但我们熟视无睹。意识到这一点，我们就可以通过对更多的细节的认识来加深对事物的理解。

点是视觉能够感觉到的基本单位，点在空间中很容易成为视觉中心、几何中心和场力的中心，点可以是实在的物体，如雕塑，也可以是虚的形态，如场力的中心。而任何空间往往是以"某物"为中心标志的，它区别于一般的形态，成为人们观察的中心。林奇说："标志是观察者的外部参考点，是变化无穷的简单的形体要素"，作为标志就是能从背景中分离出来。所以"这一类的关键特征是单一性，在整个脉络中具有特点的或被记忆的一些成分"。如佛罗伦萨主教堂的穹顶、天安门广场上的天安门和纪念碑都是所在空间的突出标志。标志物往往是以某一"集中性"的体量出现的，它使空间形成稳定的形态并加以组织。因此在观察的过程中寻找中心标志是至关重要的，面对铺天盖地而来的大量信息，寻找中心即焦点是全新的观察中重要的一个方面，意识到这一点就可以通过不同的观察角度，寻找更多的"焦点"加深对事物的理解。

练习 5　眼睛的加法运算

眼睛的加法运算，仔细观察图 1-20 的图片，尝试变换它们的图—底关系，感觉因观察角度的不同而带来的视觉差异。

（2）全面的视觉

视觉经验除了物质形体质感之外，光影的变化也是重要内容。许多杰出的建筑师都是把光影的因素融入设计中，成为设计的灵感，使创造的环境让人产生独特的体验。由此可见，设计中运用光影的经验产生于对光影变化的深入观察。

图 1-20 可转换图形

练习6 光影变化

请仔细分析图 1-21 所示的建筑的平面与立面，画出早晨和傍晚时出现的光影，仔细观察并细心体会其间的变化。

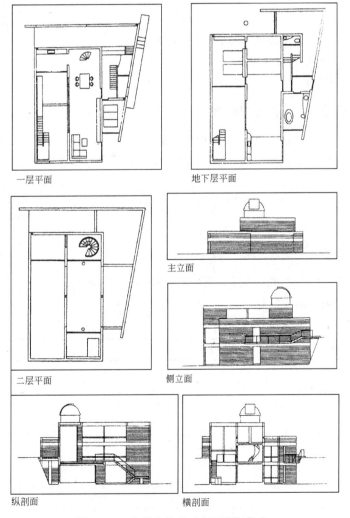

一层平面　　　　　地下层平面

主立面

二层平面　　　　　侧立面

纵剖面　　　　　横剖面

图 1-21 安藤忠雄的"宫下邸"住宅

（3）让眼睛在触觉和动觉的帮助下去感受质感、肌理

一般来说，对"观察"的理解往往局限于"观"的功能，即眼睛的看，忽略了另一个"察"，察则需要利用多种感官。在观察中，眼睛不一定是孤立的，在很多情况下，我们可以利用其他的感觉手段来丰富、完善我们的视觉，从而加深加强对事物的理解。

练习7　感觉找路

原理：①探索弱视；②你的触觉将是你的向导；③体味一下用不同方式生活的世界。

启迪：《美国手工艺》杂志上登的纤维艺术和木质雕塑。盲道的设计是以盲人打点字的形式为基础的。

进入一个 $10m^2$ 的房间之前被蒙上眼睛，为了安全起见，有一根绳子作为向导，在这个空间走过时，要求用触摸来识别物品。根据体验，把发现应用到为残疾人所做的室内特殊设计中。设想委托人是失明的人，例如：利用结构、材料为盲人及有弱视力的老人创造一个更加有趣的厨房，也要考虑到个人的偏爱。

2. 全新化的观察方法

（1）重新分类

练习8　不按常规分类

选择一个室内环境，分别用色彩、造型、质感，空间的开敞与封闭、空间的可利用程度去对这个室内的围合、家具进行分类，也可以随机把不关联的两种事物分在一起成为一类，如：把"红色"与"床"分为一类。看这种新的方式是否使你获得一些新的体验。

（2）颠倒

练习9　倒过来看广场

找一个熟悉的广场(如圣马可广场)照片，将其倒置，从中发现原来没有观察到的信息。

颠倒

要素	原来的感觉	颠倒后的感觉
天空		
铺地		
建筑		
灯具		
中心标志物		
虚空		
人		

（3）运用比例观察

一种形式方面的专业化训练。

练习 10   复合方格

①把一白纸剪成许多 2cm 宽的带，用眼睛估计比例，把带剪成下述尺寸的矩形：2cm×2cm，2cm×4cm，2cm×8cm，2cm×16cm。剪之前，想像矩形的宽度由各个方格的边长重叠而成。

②用一直尺量每个矩形的长边，找出比例的偏差，重复进行直到偏差最小为止。

③另取一张白纸，画相似的矩形，用纸带对比检查精确与否，标出矩形的偏差尺寸。

④用一直尺量每个矩型的长边，找出比例的偏差，重复进行直到偏差最小为止。

（4）利用比较获得新体验

在一个物体与其他物体的空间关系中去深化对它的理解。

练习 11   黑白游戏

用黑白关系来表现同一个物体的光影、质感、色彩、造型、轮廓、图—底关系及组织结构。

四、观察与体验空间

你看过蹒跚学步的孩子第一次开门的情景吗？他还不知道他的身体必须为门腾出一些空间才能把门打开。所以，他会被门撞倒。然后第二次，他就学乖了。这就是人通过空间体验，学习在空间中生活。当他无奈地通过钥匙孔窥视一个他想去而去不了的空间时，他会体会到门既可以把两个空间联系起来，又可以把它们分隔开，虽然他不能有条理地说出这些道理。由此可见，自然状态下的空间体验，是感性的，而非理性的；是无意的，而非有意的。学建筑恰恰要把这个过程学会，以便理性的、有意识的把握好整个过程。

体验

体验空间包括物理—生理环境的体验和行为—心理环境的体验。物理—生理环境的体验是对空间的自然和技术属性的感知，行为—心理环境的体验是对空间的社会和文化属性的感知。

1. 物理—生理环境的观察与体验

曾有一位好莱坞的电影人在拍摄一部电影时，为了增加喜剧效果，选了许多侏儒来组成整个演员班子。使用小的房子和街道，演员骑着矮小马，由于一切是按比例缩小的，全体演员在电影中显得与正常人一样，失去了诙谐的效果。作为电影拍摄者来说，他寻求的应当是对象与对象之间超乎常规尺度的对比所带来的视觉特技，如大猩猩"金刚"爬在帝国大厦（模型）顶上。不幸的是，他在这一点上太像一位建筑师了，处处做到的是以人（侏儒）的标准来设计相宜的环

33

境，在电影界他失败了，在建筑界他倒应该得到奖励。

　　建筑是为人设计的生活、工作空间，如何创造宜人的环境，初学建筑的学生首先要对尺度有充分的体验。尺度也是分层次的。基本的尺度是物理尺度，在建筑设计中体现为符合人体工程学的各种尺度要求。如根据人的站高和坐高，设计楼的层高和门窗、家具等。

　　有时，建筑师特意地违反这种基本的常识，也会产生独特的视觉效果，如格雷夫斯设计的波特兰市政大楼（图1-22），在大体量的建筑上开着不协调的小窗与过大的装饰件，使其在周围环境中显得十分特异，成为后现代主义建筑的代表作。但这种尝试也仅限于外观造型的视觉体验，如果因为尺度不对，造成人们在其中使用时行为不便则是不允许的。像格雷夫斯那样，为创造某种特殊的效果采取对比失常的手法，在特殊的情况下偶然而为之尚可，如果把它作为一种普遍采用的办法则是不妥的。

图1-22　波特兰市政大楼

练习 12 尺度体验

请在真实的建筑空间中，测出门、窗、地面、顶棚、墙、楼梯及踏步、院子围墙、阳台的尺度，细心体验这一环境，甚至细到这种程度：观察那些平时常去，但过于习惯，反而注意不到的地方，并留意这些建筑部件在光线的作用下产生的空间效果；然后想像一下，如果把其中一个部分的尺度改变一下，如把门变高、变宽或变小，会出现什么感觉？把踏步的阶面变窄，阶高加大，又会产生什么不舒服的感觉？等等。

做某一个部件的正常尺度和特异尺度的模型各一个，说明这个特异尺度的部件将用在什么特殊的地方。

2. 行为—心理环境的观察与体验

深入一层观察和体验的尺度是行为尺度，如根据家庭的人员构成和行为方式，设计住宅中各类空间的分布；根据人的密度和交通方式设计街道等。再深入的层次是心理尺度，如个人领域（私密空间），公共领域（开放空间）和中间领域（过渡空间）。最后要深入到具有文化传统内涵的尺度。

沈阳市咸阳路 36 号住宅，是日本人在 30 年代建的集合式住宅，建筑物四面围合，形成一个长方形院落，有公共外廊面向院内。现住在这里的中国人对此住宅有许多改造。如北侧的黄应中家朝南的卧室窗户面临外廊，他家窗户下面的玻璃都涂了漆(图 1-23)，这是为什么？前去调研的人根据中国人居住行为模式的体验，再想像一下日本人的居住行为模式，得到了答案。中国人的居住方式是使用高足家具，日本传统生活模式是跪坐在地板上。中式窗台一般高0.9m，这个尺度恰恰是人坐在床上，外面的人只能看到室内人的头部，却看不清人在干什么，里面的人却可以看清外面的尺度。日式

图 1-23 涂漆的玻璃窗

窗台仅高 0.5m，这种窗户的尺度恰恰是人跪在地上，既能保证私密性，又能监控室外的尺度。中国人住在日式的住宅里，他的行为模式不是跪在地板上，而是坐在床上和椅子上，就觉得窗台太矮，外面的视线通过 0.5m 高的窗台，对卧室私密性形成干扰。如果用窗帘，白天室内光线又太暗，于是主人将玻璃窗最下层玻璃涂上绿漆，以遮挡视线。

日本著名建筑师槙文彦的设计原则是"始终遵守人与自然协调的适宜尺度，空间构成以技术尺度服从人的行为尺度。这些尺度包含的人性就是人的心理反应和行为方式、人工自然与自然环境、传统与现代、建筑与城市对立的和谐。"●他设计的代官山集合住宅街区历经 25 年（七期），每一期的设计都使"主干道两侧的建筑尺度尽量接近人的步移视觉适当比例，并以尺度彼此协调的不同类型庭院连接人行道，扩展人的心理空间。"●（图 1-24）

环境的体验从范围来说，也是层次递进的。从个人空间、家庭空

环境体验的空间
层次

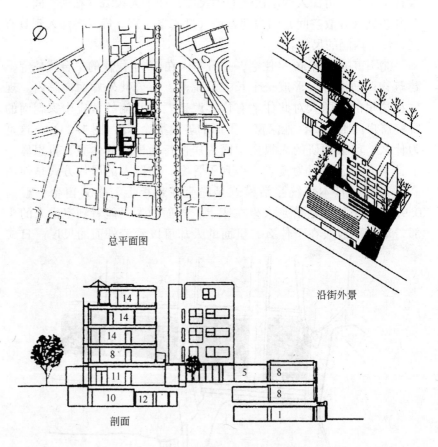

总平面图

沿街外景

剖面

图 1-24　东京代官山集合住宅

●●张在元，"空间的人性与地域性"，《世界建筑》，2001 年第 1 期，第 28～29 页。

间、社区到城市，每一级空间的尺度不同，复杂性也有着天壤之别。

练习13　行为模式体验

根据在真实建筑环境中的体验和对大学生居住行为模式的观察，体验大学生宿舍门的位置和窗的高度，是否与人的行为模式相吻合。

3. 环境综合体验

著名建筑师格雷姆肖、盖里、安藤忠雄、哈迪特、西扎等人设计的维特拉家具公司（彩图1-1），充分体现了工业建筑的文化内涵，中国一名建筑师前去参观时产生了这样的感受："在初夏的阳光下，首先纳入眼帘的是家具博物馆，像在蓝天绿茵中手舞足蹈地邀引着来宾，在惊喜之余，在受其感染的'欢庆'之后，看到博物馆东侧草坪之中的会议中心静卧于天地之间，这一静一动，一歌一吟，已迷醉了包括我们在内的万千'香众'。"[1]让来参观的人产生的感觉，难道不是设计师预想到的体验吗？而建筑师的预想，难道不是他们体验积累的飞跃吗？

有时环境体验是在运动中获得的。1666年伦敦大火后，新的圣保罗教堂在克里斯托弗·仑的主持下重建时，对外部空间也做了改造。他没有采用传统的对景法和几何形构图法，而是创造了一个充满中世纪市民生活风格的围合教堂的带状空间，使沿着空间运动的人产生了特殊的动态体验：远观效果与近处体验的心理反差。对北部柱廊处的空间处理，如果采用巴黎美术学院派式的处理，其远观和近观的效果就会雷同单调，失去对比变化。而采用克里斯托弗·仑的方案，人们经过北廊时，因空间的收敛，人们不觉就进入一个亲切的空间尺度中去，可以自然地体会建筑物的体量、比例、尺度和细部，甚至阴影和声音环境。这与远处看教堂建筑时的，体验大不相同。因此建筑评论家认为，空间处理上的挤压，有时会产生空间的生动感和亲切感。[2]

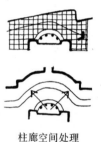

柱廊空间处理

练习14　实体与空间的关系体验

请不带任何购买任务，到本市的步行商业街，专门体验沿街建筑与街道空间的关系，注意建筑立面风格、形象、尺度、线条、色彩、材质以及招牌、灯箱、小品、铺地的协调性、互补性、比对性。同时注意观察和体验在线性空间中运动时，空间的虚实变化性，视觉的吸引力，脚与街道地面的接触感，摩肩接踵的拥挤感，综合为商业街的商业气氛。

---

[1]王路、吴耀东，"协作与个性——维特拉家具公司建筑评述"，《世界建筑》2000年第7期，第61～63页。

[2]孙晖、梁江，"一个历史地段，几百年不绝的争议"，《世界建筑》1999第12期，82页。

练习 15　环境综合体验

彩图 1-2 展示的是汉诺威 2000 年世博会瑞士展馆，由 12 组 98 堵木垛墙构成。人们在这一方形开放式的木质迷宫中，可以感受到自然的通风、阳光、雨滴及丰富的光影的变化。

假设你正处在瑞士馆中，体验这一特殊的环境：

风的体验——触觉与温度觉共同作用的体验；

建筑环境肌理的体验——视觉与触觉共同作用的体验；

阳光阴影的体验——视觉、触觉、温度觉共同作用的体验；

空间顺序体验——视觉、运动觉（步移）、触觉（脚对路面）。

第二章 创造性想像与设想构绘

想像是人们头脑中通过形象化的概括作用而改造和重组旧有的意象，产生出新的形象的一种特殊的思维活动。想像是一种高级的认知心理过程，想像是创造性思维最主要的形式，它几乎表现在一切科学、艺术的创造活动之中，以至于我们可以说，没有想像就没有科学、艺术，就没有创造和发明。

在建筑设计中，想像不仅离不开观察，也离不开构绘，因为思维的半成品和最终结果都需要通过构绘表达。本章的内容与上一章密切相关，基本的视觉认知能力、观察、想像和构绘共同构成了视觉思维。

第一节 创造性想像

汉诺威 2000 年世博会，日本馆的设计别具一格，主要特点是吸收了日本传统住宅中的障子（Shoji），即木格纸门窗的意匠。了解日本住宅建筑的人都知道，白天的自然光和黑夜的灯光，通过障子半透明的过滤或遮挡，会创造出不同的空间氛围。只有在生活中对障子细心观察过，并获得柔和、安谧的心理体验的人，才能在此基础上，将住宅建筑的要素，恰到好处地在公共建筑中加以运用。从另一方面来说，这一设计融合了人、自然和技术观念，但概念表达的基础是感知表象。作者发挥了感知审美的情感意境，重构了大型公共建筑的光环境，不仅充分体现了日本文化和环境风情，还达到了建筑建成后可以回收再利用的环保效果(图 2-1)。在这一创作过程中，建筑师调动了记忆中的多种表象：既有感知对象直接反映在头脑中留下的感知表象，又有主体情感体验的心理意象，同时，又有渗透文化概念的抽象性意象。

一、想像的概念定义和分类

1. 想像的定义

想像是对表象和意象的自由加工。那么，什么是表象，什么是意象？

（1）表象（Representation）

表象是指曾经作用于人的具体事物被保留在头脑中，当该事物不在面前时所浮现的心理形象。表象是表征的一种。

依据表象产生的感觉通道，可分为：视觉表象、听觉表象、运动

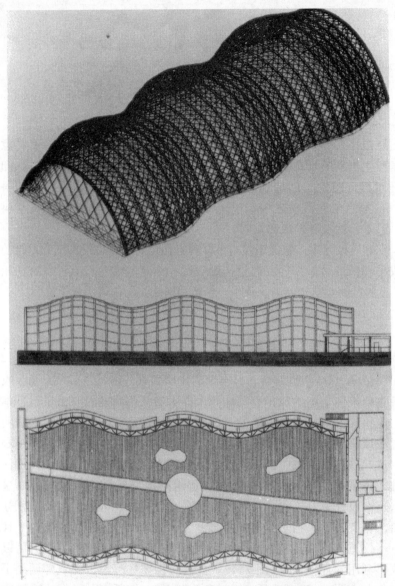

图 2-1 汉诺威 2000 年世博会日本馆设计

表象等。根据表象产生的方式还可以将表象分为：记忆表象和想像表象。

　　由于某种原因使经历过的事物的形象在意识中浮现出来，这事物的形象就是记忆表象。如去过天坛，看过祈年殿之后，头脑中还能回想起如海的松林，势接天地的大殿；而想像表象，是指记忆表象在人的头脑中经过加工重组之后产生的新的表象。这些新表象或者代表人们从未感知过的事物的形象，或者代表世界上根本不存在的事物形象。

　　表象属于客观事物的感性印象，具有直观性；表象一般说是多次知觉的结果，又具概括性；表象是由感知过渡到思维的必要环节。

（2）意象（Image）

意象与表象类似，但又有不同。表象更为直接地依赖知觉。它是在知觉出现后，离开对象时立即产生的。表象的材料经过过滤可以成为意象材料的源泉之一。表象的瞬间性是意象所缺乏的。意象的长久性可以使它能发展，能与其他意象重新组合。即使在意象产生的暂短时间内，它也与表象有不同之处，意象是经过选择的。表象局限于直接知觉过的东西，意象的创造功能远比这广泛。它可以创造现实中没有见过的意象。❶

（3）想像（Imagination）❷

人在头脑里对记忆表象和意象进行分析综合、加工改造，从而形成新的形象的心理过程。它是思维的一种特殊形式，即通常所谓的形象思维。想像能使我们超越时间和空间的限制，凭表象之手去触摸感觉不到的世界。因此麦金农说："想像力是大于创造力的。"创造既需要想像力翱翔天空，又需要回到现实，脚踏实地地努力。

2. 想像的分类

按照主体的意识状态可以将想像分为：无意想像与有意想像。

无意想像（Voluntary imagination）：指没有预定目的，在一定刺激影响下，不由自主地产生的想像。梦是无意想像的极端形式。

有意想像（Involuntary imagination）：指根据一定的目的，自觉地进行的想像。

按照想像所具有的创造性可以将想像分为：再造想像与创造想像。

再造想像（Reproductive imagination）：依据词的描述或根据图样、模型、符号的示意在人脑中形成新形象的心理过程。如我们看地图时，可以根据地图的标志，再造出河流湖泊、丘陵高山、铁路、公路、建筑群等。

创造想像（Creative imagination）：指在活动中，根据一定的任务，以记忆表象作材料独立地进行分析综合、加工改造而创造出新的表象。创造想像是人类最高级的一种思维活动，科学上的创造发明和文艺创作，都离不开创造想像。

二、感知表象的调动

想像力取决于存储表象的丰富和意象加工能力的水平，因此感知表象的调动至关重要。

1. 贫乏的想像力与干瘪的概念

"如果让你闭上眼睛，想一下门是什么样的？你能想出多少种

❶刘烜，《文藝創造心理學》，长春：吉林教育出版社，1992.122。

❷参考如下书籍：王甦、汪圣安，《认知心理学》，北京:北京大学出版社，1992;高玉祥主编，《认知心理自学辅导》，沈阳:辽宁大学出版社，2002;中国大百科全书光盘版·心理卷。

呢？"

　　"就是一个长方形的门，顶多上面镶嵌一块玻璃，有门把手，有碰锁。"

　　"还能想到什么样的门呢？"

　　"没有了。"

　　这就是美国斯坦福大学的麦金教授让学生练习时，大多数学生的回答。学生头脑中视觉形象的贫乏限制了学生的想像力和设计能力的发展。创造性设计需要在头脑中储藏丰富形象的基础上进行再加工。俗语说"巧妇难为无米之炊"就是这个道理。许多优秀的设计都体现了建筑师创造性地运用生活中的经验积累，储存着丰厚的心理素材供想像驰骋。

　　学建筑，首先要体验建筑。体验建筑就是亲身到建筑中去感受，正如本书中第一章第二节已谈论过的。仅靠看书和看电视不能得到亲身体验的东西，因为前者是平面的，间接的；后者是立体的，有血有肉的，是被大脑用了多种信息方式储存的，因此可以通过多种渠道将其调动出来。其次，提高想像力还要善于调动头脑中存储的信息，借助于联想，把孤立的片断连成有用的信息。

练习1　漫游城堡

　　找一个城堡的外部形象，记住它的形象。然后把书合上，闭上眼睛想像你在古代人建的城堡中爬上爬下，想像建筑的门、窗、墙的材料、质地、颜色和梯子，想像得越清晰越好。

　　2. 各种感知表象的调动

　　想像所加工的表象包括视觉表象、听觉表象、触觉表象、嗅觉表象、味觉表象等等，其中视觉表象约占80%。但是在建筑设计中，其他感觉表象的调动和运用，同样具有重要意义。环境的创造不仅具有视觉的意义，还必然是给使用者丰富感知体验的空间，令老北京人魂牵梦绕的是回响着"磨剪子嘞——锵菜刀"叫卖声的胡同儿，弥漫着槐花香味儿的空气，蘸着豆汁儿味儿的窝头，这才是真实的生活场所。心理学家的研究表明，能唤起人们具体的感觉经验的想像最能吸引人的注意。在环境设计中能调动自己的感知表象的设计师，往往能创造出使别人产生丰富体验的环境（图2-2）。

　　中国著名作家莫言认为自己的长处就是对大自然和动植物的敏感，对生命的丰富感受，"比如我能嗅到别人嗅不到的气味，听到别人听不到的声音，发现比人家更加丰富的色彩，这些因素一旦移植到我的小说中，我的小说就会跟别人不一样。"谈到他创作新长篇小说《檀香刑》，"我想写一种声音。在我变成一个成年人以后，回到故乡，偶然会在车站或广场听到猫腔的声调，听到火车的鸣叫，这些声音让我百感交集，我童年和少年的记忆全部因为这种声音被激

图 2-2 北京城胡同里卖冰糖葫芦的小贩存在北京人的记忆中

活。……对故乡记忆的激活使我的创造力非常充沛。"[1]

实际生活中我们积累的综合性感知表象又叫生活表象。由于表象具有直观性的特点，所以如果一个设计者有过某种生活经历，当他设计为这种生活服务的建筑时，记忆中储存的有关这种生活的表象，就会给设计者提供一些具体素材，他对这个建筑功能的理解就不会停留在设计任务书的文字上和各种规范的数字上。生活表象的积累对建筑师来说，都不是有意进行的，而是通过无意注意，通过多次反复的感知过程而得到的。人的情趣爱好和审美的标准，往往是在生活中无意识地培养起来的。在建筑设计中，生活表象成为表达建筑师升华的审美观取之不尽的源泉。

做下面的练习，将唤起各种感觉表象，为感觉表象的加工奠定基础。注意，如果对哪一句话，难以产生恰当的感觉，或者说明你缺乏

---

[1]作家莫言 2001 年 5 月 21 日在接受人民日报记者夏榆的采访的谈话。

相应的体验，或者问题出在你的某种感觉表象在沉睡，你从不运用它们，调动时发生障碍。

 A. 风吹过成片树林的沙沙声。

 B. 大年三十晚，钟楼和鼓楼上的钟鼓声音。

 C. 走街串巷的叫卖声。

 D. 走在鹅卵石上脚的感觉。

 E. 手触摸大理石的感觉。

 F. 在原始小木屋里用冷水洗脸的感觉。

 G. 小虫子掉在衣服里的感觉。

 H. 冻耳朵的感觉。

 I. 仰望巨型建筑的感觉。

 J. 踩着玻璃楼梯螺旋向上攀登的感觉。

 K. 泥土味儿。

 L. 在地上画画的感觉。

 M. 海风的味儿。

练习2　四色房间

  置身于一特殊的环境中，环境包括四个屋：蓝、红、黄外加中间一个白色的过渡空间。

  1）在蓝屋子里把眼睛蒙上，根据触觉去感知环境，然后进行想像。把蒙布去除后，将现在与想像对比，体会触觉想像对视觉感知的影响。

  2）红屋子里的物品自然色为绿色，但被涂成红色。体会一下你的感觉，是否现在的视觉控制与过去记忆有着联系。

  3）紫葡萄同柠檬的芬芳合在一起，弥漫在黄色的屋子里，体会一下是否嗅觉将超过视觉影响。如果大部分参与者识别出紫葡萄的味道，而非柠檬的味道。这就表明了在这个环境中嗅觉的地位是主导的，而如果能识别出柠檬的味道，说明视觉与味觉共同作用的强化效果。

三、想像：意象的加工和变化

  想像中调动的最多的是知觉表象，它是物理世界的感觉经验，是一个人看到和在大脑中记录的东西。第二种是心理表象，它是在心理中建构起来的，并能使用知觉表象所记录的信息，这就是意象。

  1. 内在意象的控制训练

  发明 A-C 电动机、荧光灯和发现电流滞后现象的著名的科学家 N·特斯勒是这样一个科学天才，他能在头脑中极其精细地再现他所设计的电动机，并且随意地在头脑中摆弄所有的零件，组合它们。头脑中的这些形象似乎比任何蓝图都要生动，一旦机器出了毛病，他不用拆卸机器，也不用看图纸，就在脑子里找到蓝图，精确地诊断什么部位出了问题。特斯勒就是一个内在意象控制能力极强的人。优秀的建筑师不仅需要借助画出来的图进行思维，也需要具有在头脑中加工形象的能力，即随心所欲地控制意象的变化。

（1）想像对知觉的控制

当你想像的时候，脑海中出现的那些形象会旋转吗？它们可以产生身体运动的感觉吗？它们可以消亡又再生吗？它们可以重新组合吗？

许多做出杰出创造的人，都一再提到想像过程中视觉形象的重新组合和再生，这就是内在意象的控制和变化。有意识地进行控制形象变化的训练，会大大提高人的想像能力。

练习3　玩弄帽子

如果你有或者能够借到一顶宽沿的、质地柔软的帽子，那么可以把它当做原料，通过折、弯、扭等操作造成不同于原来的造型，尽可能多地造成各不相同的造型。然后再看看它们分别像什么。

宽沿帽

玩弄帽子的过程中，心理越放松，想像就越大胆，以至于你会发现过去熟悉的帽子竟变得这么神奇。

练习4　建造爱斯基摩小屋

在想像中我们来建一栋爱斯基摩人的小屋。先把松散的雪压紧，加工成一块雪砖。从底部螺旋式的向上垒，用一圆形的大雪砖封顶，最后垒门。电影倒片式想像，从最后的动作往前想，直到小屋消失。建好的小屋从底部开始，一块一块的雪砖被抽掉，小屋终于倒塌。

爱斯基摩人小屋

学会很好地控制自己的想像过程，从中体会小屋的结构和形式。

练习5　小球穿洞

一个小球从"这里"进入，穿过五个截然不同的运转通道，恰好一分钟从"那儿"出来，请在头脑中设计并建造这些设备。

（2）想像对行为的控制

由于想像能把认识运用到尚未出现的事物中去，所以想像能预测现实计划的未来结果，所以想像可以控制行为。其中既有整体的控制，又有具体的控制。

整体控制　一个人对自我形象的想像能很好地从整体控制他的行为。每个人都会意识到自己是什么样的人，同时也自然地想像自己将是什么样的人，并且为实现这个想像而努力。理想，就社会来说，是社会成员的集体想像；就个人来说，是个人对自己未来的想像，所以理想激励人的行为。

具体控制　想像对人的具体行为的控制，体现为对具体问题发展趋向的想像影响行为。建筑师学习设计大概需要掌握的基本技巧之一，就是要在设计过程中不断地充分发挥想像力，把自己与使用者融为一体，想像设计能满足他们的什么需要，使用者从设计中得到了什么。著名建筑师赫尔曼·赫茨伯格曾谈到，一个能激发使用者最灵活地使用空间的设计，往往是建筑师的想像力在起作用，他能把习惯性的对集体意愿的注意，转移到更多样的要求。想像对创造的意义，不仅表现在对思维对象的创造性加工上，还表现在对创造过程的把握及创造中的心理障碍的克服。一个想像自己能做出创造的人，要比想像自己做不出创造的人，更有自信去迎接困难和挫折的挑战。

练习6 变戏法

1) 你画的平面图迅速地生长出各个立面，楼板与立面搭配，变成新的楼层，一层一层地长高，最后长出屋顶。随后每个立面上不断长出窗户，每个窗户都不一样。

2) 四块积木，每一块都有不同的色彩，它们上下翻动，不断进行种种方式的组合，最后拼在一起，成为一个建筑方案的模型。

3) 一架飞机尖部撞在一个巨大的羽毛枕头上，飞机被羽毛枕头反弹到一座建筑物上，建筑的中间被剖开，成为一个共享空间，可以透过索膜屋顶隐隐看到灯光模拟的宇宙。

4) 一块圆形的绿地渐渐地滑向一幢公共建筑，贴在外墙角，又离开一段距离，然后旋转变形成为不规则图形，向原来的道路漫延，碰到一建筑物后，顿时收敛，成为……

5) 有一个中心城市，周围有六个小城围绕它在旋转，每个小城又伸出手，去抓它附近的另一个小城。抓住了，又放开了，像跳交际舞交换舞伴一样，与一个又一个的小城接触。

2. 意象加工的协调性

人体验空间的感受是多方面的，有时听觉和触觉，甚至嗅觉都会成为最主要的空间体验残留在记忆中，因此建筑师在设计中充分考虑运用这些感知表象，创造的空间就会使人留连忘返。

在设计中寻求各种感觉表象、意象、内觉的统一十分重要。例如，建筑的视觉形象定位是崇拜和虚幻，那么建筑空间产生的听觉效果、触觉效果应与视觉统一，这样才会强化一种设计意念，而不是削弱它。哥特式教堂建筑的成功，其奥妙尽在其中，因此设计中各种意象加工的协调性非常重要。

德国柏林大学建筑学院曾让学生做一个这样的小设计：

小设计——夜园❶

第一步，思考感觉的变化：

A. 视觉退居二线？白天的视觉与夜晚的视觉的不同；

---

❶朱欢，在德求学札记，《世界建筑》1999年第10期，P57～59。

B. 其他感觉器官的体验成了中心：听觉、触觉、嗅觉；

C. 对时间的主观感受与白天不同；

D. 对空间，白天与晚上的感受也不同。

第二步，思考一下园是什么？

A. 白天的园是什么？

白天的园反映了人的什么样的愿望和梦想？

这种愿望和梦想又是通过什么建筑语汇使游者得到体验的。

B. 夜晚的园是什么？

人的感知系统的重点变化，时空感的变化，自然的光、影等气氛的变化，又应有什么样的体察和感受？

第三步，通过各种感觉意象的加工，表达一种夜园概念。

学生的作品：

A. 游园形式将夜间人时梦时醒对空间不同的感知这一过程空间化；

B. 重点强调月光下的影子园；

C. 只通过听觉和嗅觉来感知空间方位的夜园。

利用人夜晚时对微光和声音以及触觉的敏感，加上夜晚人对星空特殊的遐想和回归感，加强人与天空竖向的特殊关系，利用水、沙、植物、墙等元素不同的反光。

练习7　生态购物中心设计

如果需要设计一个以销售云南土特产为主要商品的购物中心，以生态环境作为设计的特点，请想像云南西双版纳的原始森林，从视觉效果、听觉效果、触觉效果（温度、湿度所带来的皮肤感觉）以及嗅觉效果提出购物中心的环境设计方案的立意。

四、想像：情感体验和审美

1. 情感体验与创造性想像

利用意象的加工，不仅能有助于我们发现问题和构思，还能帮助我们以感性的方法去想像人们在建成的建筑中将会有什么体验。这是一种预想，带着感觉的预想。即使视觉意象的调动和加工对于建筑设计来说是主要的，也不能仅限于形态的塑造和色彩的运用，如光影的无穷变化往往带来细腻的情感变化和高级的审美体验。因为光带来的感觉不单纯是视觉的，还有触觉、温度觉，以及人类依赖太阳的天然感觉和文化崇拜。

以创造光影著称的法国建筑师保罗·安德鲁回顾走过的道路，认为在初期阶段一步步追寻的是自己直觉上感知的东西。他说："我关注的是自然光在空间中的演出，关注溶解在光线中的结构形式。"[1]（图 2-3）

图 2-3   皮特尔角城机场(保罗·安德鲁设计)

　　安藤忠雄是一个极富个性表现力的建筑师。他的建筑作品崇尚日本传统禅宗的内省，体现了人与大自然的融合与亲近。他把抽象的构图手法，纯静的空间形式，以及混凝土饰面的运用等一系列现代建筑的重要特征，都变成了一种创造禅宗意境的手段，致使任何人在他的建筑中都无暇去分析，只能体验自省，并为之陶醉。他的建筑事务所总结光的教堂（图 2-4）的设计体会时说到："什么样的建筑才能打动人并唤起人的悲悯之心呢？对安藤来讲并不是靠空间本身的'形式'去打动人，而是通过'空间体验'的深度来达到这种效果。如果能唤起人们对空间的内在感受和各种初始体验的回忆，就会产生强烈

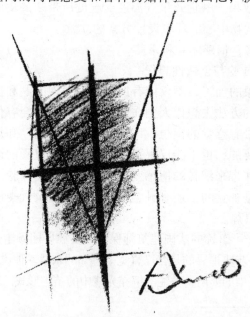

图 2-4   "光的教堂"设计草图之一

的共鸣。"安藤忠雄觉得"当风与光在一些切入点被引入时,建筑就变成了活生生的实体",在设计光的教堂时,与委托人"第一次谈到教堂加建问题时,首先映入脑海中的形象就是一处回响着声音的空间"。●

练习8 情感表达

由于情绪和情感会影响到想像的生动性和丰富性,所以在引导想像的时候,注意考察自己在想像中是否情感有力地参与,如果缺少这方面的想像,可多做这样的练习:用三种材料做一个平面设计,表达悲伤、愉快、热爱、生气、憎恨、卑鄙、惊慌、失落、恐怖、入迷、孤独、厌恶等任何一种感情。

练习9 情感空间

充分调动自己头脑中的光影意象,在一个 100m² 的一层空间里,创造建筑空间光影的变化来表达如下感觉:

1)崇敬的感觉。

2)幸福的感觉。

3)极度紧张的感觉。

4)恐惧的感觉。

2. 情感意象加工与文化认同感

任何地方的建筑风格和特征,都是由当地的自然条件(气候、地形、土壤、植被等)和历史条件(文化传统、风俗习惯等)所共同塑造形成的。人在自然环境和社会环境中生活,感受了阳光、风、雨、雪、月的拂面,也承受了家族故事和城市历史的凝重,建筑师把这些感知、情感意象巧妙地揉在一起创造的新空间,与当地的自然人文环境相协调,使人唤起往年的情结,产生文化认同感和心理归属感。

印度建筑师多西建立他的设计室时,起名为"Vastu—Shilpa","Vastu Shastra"和"Shilpa Shastra"是印度民间流传的建筑学系统知识,相当于我国的风水学说,多西意即贯彻建筑设计中人、自然和建筑物的对话。他在早期的作品中就追求阳光、微风这样的自然因素,后期则更加注重地域的对立与文化的内涵。他设计的印度语言学院就是对印度乡土建筑的深入理解和现代创造性的转换。语言学院是为了保存珍贵的耆那古代文稿和绘画珍品的地方,为了保证适当的温湿度和通风需要,避免强烈的阳光直晒和降温的要求,图书馆被埋在地下半层,由角窗间接采光,大楼前设置了水池,这个水池不仅能够形成小气候,通过水的蒸发降温,还能反射光线,增强室内空间的采光,抬高的入口层平面由跨越大水池的平台通达,硬质的庭院铺地所产生的热流吸引花园草坪中的冷空气,穿过底层及入口层开敞的中厅,形

●光的教会十周日学校,茨木市,大阪县,日本,《世界建筑》2001 第二期,P36～37。

通过儿童视线看到的广场人群

儿童眼中的会场

在小汽车后椅上儿童看到的车外世界

童稚感受

成空气对流，起到通风降温的作用。

练习10 童稚感受

回忆儿时留下最深印象的空间，捕捉头脑中存在的有关那个空间的声音意象或触觉意象，分析意象产生的空间特性，试着在做建筑构成作业时，把听觉或触觉意象与视觉意象结合在一起考虑，创造出独特的空间。在体味童稚感受的同时，寻根溯源，用记忆的碎片复原文化和地域的感觉。

练习11 动感空间

一些心理学家的研究表明，对运动的感知是否敏锐，是想像力高低的一个指标，也是产生创造性的基本人格特征，与幻想能力、冲动的控制、自由地使用想像力、移情等等是类似的。

想像一栋建筑，人步入其中能感受到身体在不断起伏，一会儿急促转弯，一会儿驻足停留。所有行为的变化都是由空间特征引起的。

想像一外部空间，使人在其中漫步时自然而然地产生身体的放松，甚至有漂浮感。

然后，找来赖特设计的古根汉姆博物馆和霍莱因设计的门兴格拉德巴赫市博物馆的设计图片，体会其空间变化带来的心理感受。想像之后，翻阅有关中国园林的书籍，在优雅的文学和精美的图片的引导下，做一次中国园林旅行。

五、想像：超越时间和空间

幻想是人类最大胆的想像，幻想能超越时间和空间的局限，能打破物种之间的界限，淋漓尽致地表达人的主观意愿。在思考的某个阶段，建筑师可以把任何要素放进大脑，随意地进行重新组合和变化，尝试着它会出现什么，思索它变化的原因。

1. 梦、幻觉、幻想力与建筑

在梦中和无意识状态下的表象加工，与有意识状态下产生的体验和清晰的表象加工是不同的。这两种状态下的表象加工都可能产生创造。无意识状态下的表象加工是释放潜意识，产生灵感和顿悟的极好机会。因此，人在梦中的想像是最大胆的。有人曾对想不出方案的建筑师开玩笑说：让我们做梦吧！

多西1995年设计的侯赛因—多西画廊是一座具有表现主义倾向的龟形建筑，采用鼓起的壳体结构类似印度传统宗教建筑湿婆神龛的穹顶，它让人联想到洞穴、山体、乳房及佛教的窣堵坡、支提窟和毗诃罗，碎瓷片的屋面做法被延缓，室内支撑屋顶的柱列引发人们对森林的联想。多西称这个设计的灵感来自一个梦的启示，作为毗湿奴化身的龟神对他设计画廊的启示：只有把形式、空间和结构融为一体，才能创造出有生命力的建筑（图2-5、图2-6）。

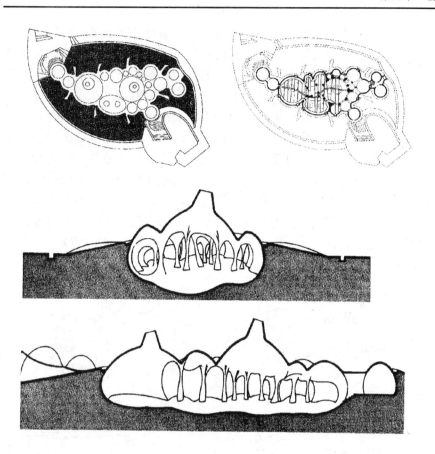

图 2-5　侯赛因·多西画廊平面、剖面　（多西设计）

图 2-6　侯赛因·多西画廊　（多西设计）

获日本"瓦屋顶居住小区活动中心"设计竞赛三等奖的一位年轻建筑师，是这样概括创作的思想的：房子之于设计者，始终以一种极为柔和与秘密的方式包含了每个人的梦。在他眼里，房子之于建筑师实则就成了一个自身趣味和品质的纯形式的表现问题。

现代生活所潜伏的危机感和千百年来积淀在人的血液中的家园意识，使人们寻找着各自的认同和精神上的归宿，由此也就产生了一种莫名的"乡愁"，这种怀旧情绪使我们编织了各式的梦、各式的传说和故事。当这种乡愁被寄托在古老的小镇里的那个钟楼上的时候，当这些传说和故事在月光下的那片陈旧的由石块铺成的广场上重现的时候，当你走过那座长长的石桥最终来到你所曾到过的地方的时候，这个"瓦屋顶的居住小区活动中心"就真实地存在了（图2-7）。

图 2-7　瓦屋顶的居住小区活动中心

2. 超现实的想像与建筑创作

任何去过西班牙巴塞罗那的人，都无不为西班牙建筑师戈地富有幻想力的建筑（图2-8）所折服。超现实的想像，虽然在建筑中并不多见，却也是建筑师创作中不可缺少的要素。面对近十几年来，中国大地上千篇一律的火柴盒、贴瓷砖、仿欧建筑，倒真需要建筑师超现实的想像力。

中国某建筑师曾把自己几幅习作（图2-9）送《世界建筑》发表与读者交流，目的就是要张扬一下中国人原本并不缺少的想像力。他认为当世界建筑的定义中"功能"被现代生活、生产、国际网络冲击得七零八落之后，建筑形象正在为人类视觉及视野拓展真正进入宇宙的领域。"我们千万不要被所谓'功能·形象'永恒的定义所束缚。一切为了我们生存的家园，一切起源于每一位建筑师原始而又伟大的

图 2-8　巴塞罗那的神圣家族教堂　（高迪设计）

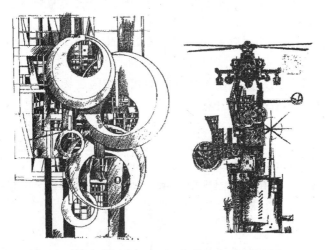

图 2-9　钟表集团总部大厦和大黄蜂直升机博物馆

53

双鸟飞翔

双鱼追逐

双巴饿鬼

颠倒羽毛团扇

想像力——在创作中、求索中。"❶

练习12　双涡旋设计

古代中国创造出各种涡旋。涡旋是永恒生命力的象征。

鸟被认为是太阳的使者，以鸟为主题的涡旋鼓翼生风，栩栩如生。

两条鱼追逐的形态作为多产的象征描绘在古代的陶器上。

至于太极图则是一种文化的凝聚。

恰似照应这种涡旋，在日本"巴"形涡应运而生。"巴纹"被设计成多姿多彩的徽章。巴纹简洁的涡旋重叠起伏，融汇万物，如生命降临人间。

请你也设计一些双涡旋，既可作为用具上的装饰，又可作为园林设计的图案。正如左面的图例所显示的，仅是巴纹简洁的双涡形态就可以千变万化，更何况你还可以借鉴世间万物的形态。

让你的设计打着涡旋，卷入天地自然令人目眩的万千现象，卷入草木虫鱼的形态以及工具、文字等。你要调动你的情绪，为你的想像力所激动，你的想法越多越好，越独特越好。画面越生动、越抽象、越精致越好。

注意，必须是双涡旋。

练习13　想像王国

这是一个已经消失的王国里的城堡，里面住着他们的国王。他们崇拜蜂鸟神。请想像一下蜂鸟神的住处是什么样的。

训练中，将通过音乐、文字等手段，来调动大家潜意识中的超现实体验，来描述和生成一个现实中不存在的蜂鸟神住的空间和形式。

第一步：调动潜意识。

给出一段音乐，大家冥想，充分调动潜意识中的超现实体验，任思维自由驰骋。

第二步：描述想像空间，将上述的冥想以一段文字的形式描述出来，讲给人听，使人听懂。

第三步：描绘出一个不存在的形式或空间、场所，将上述的文字描述以图画的形式表现出来。

练习14　虚拟现实练习

1）几何形态的虚拟。

头脑折纸：在头脑中想像一张正方形的纸，折叠一次让它可以立体地放在桌面上，能想出多少种办法？

头脑折纸

❶张在元，"形象挑战——建筑设计构思笔记"，《世界建筑》，1997年第四期。

如果是折两次呢，如果是折三次呢？

2）建筑的虚拟游览。

雅典卫城的节日庆典（图 2-10）。

图 2-10　希腊雅典卫城复原图

尽可能多地搜集相关资料：文字与图片同样重要。

按照节日游行的路线，在头脑中模拟动态的景观。

注意：建筑的尺度与材料；景物的次序，位置关系，角度的变换，远中近景的推移；运动的时间与距离；庆典的气氛。

发现模拟中的空白，通过想像填补它。如此，可以在自己喜欢的建筑作品中，在自己的设计中虚拟游览。

六、想像：探究和建构功能

1. 图式意象和抽象意象

美国心理学家 M·H·麦金认为，视觉意象还有一种图式意象，"是我们构绘、随意画成的东西或绘画作品。"❶人类构绘的产品也会在头脑中形成意象，所以，创造者在构思过程中，既会运用具体形象的加工，也会运用图式意象的加工，发展自己的设想。图式意象的加工是一种高级的想像。有些创造人才具有极高超的图式意象的加工能力。

除了对图式意象进行加工以外，想像的加工对象还包括一些抽象的形式，一些只包括结构本质不包括感觉细节的表象。几种基本的几何形，就是对具体形象的抽象。又如象棋大师们不是凭他们对每一局的所有细节的记忆，来积累比赛的经验，而是凭着对整个棋局一种模式的领悟来获得经验。这种意象既是形象的，又是抽象的，只有结构，没有细节。

对建筑的整体形式的抽象，就好比假设有一台比这栋房子还大的

---

❶ M·H·麦金著《怎样提高发明创造能力-视觉思维训练》，王玉秋等译，大连理工大学出版社，1991，第 13 页。

X光透视机，把它摆在房子前面，透过机器，你将看到一幅什么样的图景？是一种模糊的、略去细节的总体把握。著名建筑理论家 L·克莱尔（Leon Krier）所想像的理想城市区域图解，就是一种比较具象的抽象（图2-11），至于一些建筑符号的抽象，则更频繁地发生在设计和建造过程中。

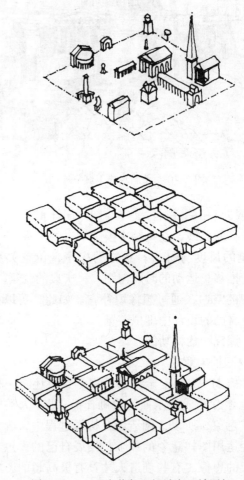

图 2-11 L·克莱尔理想城市区域图解

2. 抽象模式加工

由于视觉表象是想像的基本素材，一个人的视觉表象是否丰富，决定了一个人的想像力是否丰富，其次，其他表象的充实，决定了想像的生动和鲜明。另外，情感界入的强弱程度，决定了想像的大胆和幽默。是否能加工图式表象和抽象表象，决定了想像水平的高低。

抽象的表象有时在弥补具体表象的不足。抽象的表象加工对科学概念的形成具有重要意义。表象的清晰性有时有利于思维的加工，但有时也会阻碍抽象的、综合的、更具有可操作性的表象的变化和加工。复杂的思维操作一般需要加工抽象的表象，在这时，抽象的表象比具体的表象更重要，然而，抽象意象与具体意象应该是互补的。所以，想像对表象的加工于创造的意义在于想像的建构性。想像能操纵结构，转化结构，预见结果和功能，所以想像具有探索性，是人类最高智慧的源泉。

　　抽象模式的想像是一种高级的想像，有着相当复杂、变换无穷的模式。空间艺术存在大量抽象模式的想像，写满在人类文化的长卷上。如在建筑中，特定的空间序列和造型符号能唤起深深积淀的文化基因。

　　印第安的民间艺人创作的图腾柱雕塑，对具体的事物作了一定的抽象，从各种动物形象上，你能看到一种统一的风格。

　　印第安艺术家设计的平面艺术画，又将图腾柱雕塑作了进一步的抽象，得到了 U 形和椭圆两种基本模式。在他们创作的画面中，无论鲸鱼还是老鹰，都是用 U 形和椭圆构成的（图 2-12）。

钱财

多寿

书香

福

讨"口彩"

练习 15　做印第安艺术家

将印第安艺术家创造的抽象模式稍加变化，如 U 形变成 V 形，椭

图 2-12　印第安人的抽象图案设计

圆变成长方形，然后运用你抽象的模式创作一幅平面艺术画，同样以某种动物为主题。

练习 16　建筑符号的抽象和创作运用

取一典型的建筑（某一时期、某一类型、某一地域的建筑），抽取其中的建筑符号一、两种。将这些建筑符号进一步抽象和变换，并将这些建筑符号重新运用于一座建筑中。

要求画出抽取符号、符号进一步抽象、符号变形等一系列变化的过程，最终画出运用了这一抽象符号的建筑立面。

练习 17　意境设计

在中国文化中，龍❶有着重要的地位和影响。从距今 7000 多年的新石器时代，先民们对原始龍的图腾崇拜，到今天人们仍然多以带有"龍"字的成语或典故来形容生活中的美好事物，上下数千年，龍已渗透了中国社会的各个方面，成为一种文化的凝聚和积淀。龍成了中国的象征、中华民族的象征、中国文化的象征（图 2-13）。

图 2-13　中国传统文化中"龙"字书法和图案

这里，我们将追寻龙的踪迹，进入远古的历史和龍的世界，从龍的书法和龍的美术作品中汲取丰富的内涵，进行我们的创作。

请仔细观察"龍"字的笔画和由笔画围合的空间，体会"龍"字的笔韵和龍的精神，在设定的 50m×30m 的空地上，设计一个充分体现"龍"字意境的"龍园"。要记住，这是一个花园，你可以使用所需要的任何要素，如花、草、水体、建筑、雕塑等等。

第二节　设想构绘训练

观察、想像和设想构绘这三种技能共同构成了视觉思维的能力。

---

　❶在这里我们特意使用"龙"字的繁体字，是为了让读者更好地体会题目的要求。

观察不完全是感觉知觉的事情，其中有判断、归纳的成分，想像是对内在意象的控制和加工；那么，什么是设想构绘呢？

什么是构绘

　　构绘，大概就是画图吧？许多同学猜到了。那么，我们为什么还要用这个很蹩脚的概念呢？因为用视觉形式表达初步的想法，不仅包括画图，还包括做模型，即构建、绘画，所以只有用构绘这个词，才能把这一切包括在内。设想构绘就是利用图画和模型等手段表达和记录想像的结果，并促进观察和想像深入开展，从而完善设想的一种方式、手段。由此可见，设想构绘不同于目的在于艺术本身的绘画。设想构绘不仅是指工程师和建筑师绘制的机械图或施工图，这些都是最终用来向别人表达思维结果的；设想构绘是想像的延伸，是运用视觉符号来捕捉和记录设想，并促使设想发展的手段，这是设想构绘的主要含义。

一、用图和模型捕捉设想和发展设想

　　就如思考数学问题要用到数学符号和算式，表达观点和见解要用语言文字一样，在视觉思维中要用到图画和模型。

　　在与视觉艺术设计有关的专业学习中，老师都教会了我们如何表达设想，在这里我们强调如何用图和模型来记录最初的想法及发展想法。

　　不从事与视觉设计相关专业的同学大概有个疑惑，我们也需要使用图和模型来表达想法吗？是的，同样需要，只要你在思维。

　　1. 外化的思维

　　设计师必须要用图随时记录各种构思；如图 2-14 就是建筑师托马斯·毕比为维吉尔（Virgil）之屋所做的视觉笔记。模型也是记录想法的工具，右侧小图是生物学家所做的病毒模型。用以向别人说明病毒是如何破坏人的健康细胞。提到模型，雕塑家会想到粘土，化学家会

病毒模型

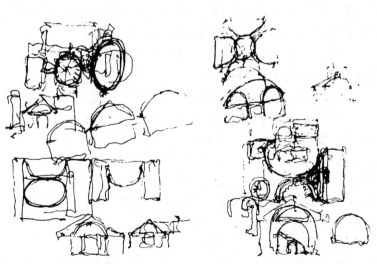

图 2-14　托马斯·毕比为维吉尔之屋所作的视觉笔记

想到如何巧妙地利用扣子制作三维立体分子模型，而设计师则想到用纸板、吹塑纸板、泡沫塑料加工制作模型。他们每个人都通过观察、接触、移动、加工材料，在一个具体物品上外化他们的精神活动过程，无论是在科技领域还是在艺术和设计领域。

七巧板

通常人们只认为这些人在画图、在做模型，并没有意识到图和模型也是外显思维的一种，和语言一样在记录着你的思维。思维外化的一个最古老的例子就是中国玩具——七巧板，它是一种用于外化思维的二维工具。它把一方块纸片切割成七小块，在玩七巧板时，要严格遵守规则，必须使用所有的七块板，组成一些给定的剪影。如附图所示，这是金鱼、帆船、一只活蹦乱跳的狗。当我们用七巧板构造这样的剪影时，应当体会到，移动图片，代表了我们的思维。

化学家利用模型进行思考和利用分子模型同别人交换意见，是同样的道理。外化视觉思维是一种巧妙地利用实物结构的行为。外化思维的进行，最好是使用一些易于组合又易于改变的材料。如化学家用钮扣做原子，巧妙、灵活，易于加工。

麦金认为，外化思维还具有另外一些重要优点。首先，直接地感觉材料可以为思考提供富有营养的食粮。其次，利用实物结构进行思考，使人能得到突然而至的快乐感和出乎意料的新发现。第三，思考所看到的、接触到的直接内容，能造成更直接和实际的感想。第四，外化的思维结构，提供了一个可供评价、可为大家共享的实物。最后，外化思维的紧张感，开动了大脑的右半球，当思考受阻于一个词汇或一个符号的时候，它是不可思议的解毒药。❶

2. 设想构绘：与自己交流，与别人交流

请看下面两幅图。图 2-15 是旧金山的建筑师沃尔特·汤普森绘制的，这一类图主要用来与别人沟通。这类图受到教育的高度重视，在学校的正式课程中你可以学会画这样的图画。图 2-16 是斯坦福大学的一名工科大学生彼特·德莱塞加克画的，表达了他的一些发明的灵感，主要用来自我沟通。这一类图远远没有受到人们的重视，而它恰恰对视觉思维起到重要的辅助作用。很多人可以按照比例画出各种图画，但是让他们按照自己的想法搜集图画素材，记录自己的想法时反而不知所措。这就是传统教育培养的人缺乏创造性的表现之一。在建筑设计中，随手勾画草图，记录设想是建筑师应该具备的基本功。电脑的普及，似乎使手画图的时候越来越少，但在积累素材和构思阶段，手画的草图仍然是最快捷、最得力的方式。图 2-17 是建筑师赫尔穆特·扬为了记录想法和推敲方案而随手画的草图，借助草图他的思考逐渐完善。

---

❶ M·H·麦金著，吴明泰、于静涛译《怎样提高发明创造能力——视觉思维训练》，大连理工大学出版社，1991，P78。

图 2-15 沃尔特·汤普森的绘图

图 2-16 彼特·德莱塞加克的草图

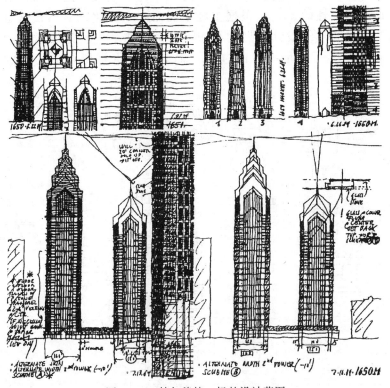

图 2-17 赫尔穆特·扬的设计草图

3. 设想构绘的两种模式：探索型模式和开发型模式

面对问题积极进行思考时，通常要先考虑所有可能的解决方式，然后在众多的可能方式中选择一个最优秀的深入完善，或者集中各方式的长处，形成一个最优秀的方案。这就好像是在开矿采油，先要探测矿藏的分布储量，再选点钻探开采。这先后的两种思考方法可以分别称作探索型的设想构绘模式和开发型的设想构绘模式。

在构想的过程中探索型模式和开发型模式并不是完全独立的，针对总体问题的设想有探索和开发的过程，针对每一个分支问题，每个细节的解决都可能有探索和开发的设想过程。

探索型设想构绘模式要处理那些与欲解决的问题直接或间接相关的，各种各样的想像结果。探索型设想构绘是思维探险的过程，想像活动是活跃的，但结果常常是大概的、纲要式的，甚至是模糊不清的，而且可能很快地就被遗忘；所以记录同样也要抓住关键，记录原则，放弃不必要的细节，并且要能快速捕捉一闪即逝的念头，不要放掉任何一种可能。

著名建筑师格雷夫斯在思考问题时，善于用图记下活跃的思想。图 2-18 就是他的桌子设计研究的各种念头。使他扬名的波特兰市政厅也能看到这些桌子的影子。他称"这种类型的绘画（预备性的研究）记录了探索的过程，以某种方式检查了因一种给定意图而引起的问题，这可以为日后决定性的工作打下基础。这些画本身就是非常实验性的，它们根据主题不同而产生变化，显然，这也是为更具体的建筑设计所做的练习。照此下去，它们通常发展成一个系列，这不全是线性的过程。而是重新审视所给的问题的过

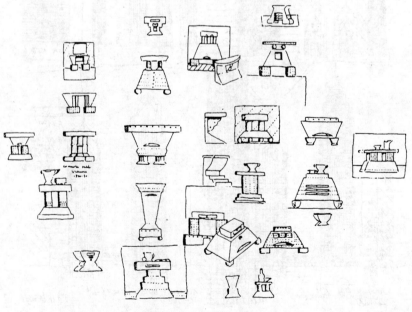

图 2-18　桌子设计研究

程"。"这些研究对于绘画的取与舍有指导作用。能被用作测试思想并为随后的发展提供基础的方式，包括通过假设不完整性而把问题展开的方式……。"❶

开发型设想构绘模式则是集中地研讨一个被选方案，透彻全面地理解问题并给出具体的解答。开发型设想构绘是方案形成的过程，想像活动有了一个较为明确的中心，不再随意，不再能够轻松地获得结果，这时需要的是深思熟虑；所以记录要详尽，注重细节。探索型设想构绘就像在院子里到处挖掘，寻找宝藏可能在哪里，开发型设想构绘就像已经打到了宝藏的大概位置，然后一直往深挖下去。建筑大师J·斯特林为威尼斯双年展设计的书亭大放异彩。从他的草图(a)中可以看出，探索阶段，亭子画成圆的、八角形的、椭圆的……，屋顶形式也是多样的。最终方案确定为长条形的，草图(b)记录的是开发型设想构绘，光是考虑入口形式，他就画了十种（图2-19）。

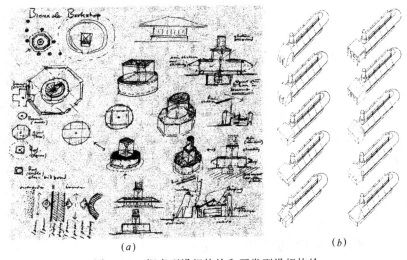

(a)   (b)

图2-19　探索型设想构绘和开发型设想构绘

二、构绘工具

1. 抽象绘图语言和具体绘图语言

当人们用图画来表述想法时，会不自觉地根据思考对象的不同用到抽象绘图语言（图2-20）和具体绘图语言（图2-21）。

这两类图画之间并没有十分明确的区分，如果图画试图表达的是一种可以被视觉感受到的形象，那么就是具体的绘图语言；如果图画要表达某种意图，示意某种区别，或探索事物之间的关系，那么就是抽象的绘图语言。

绘图工具

❶[美]诺曼·克罗，保罗拉塞奥著，吴宇江、刘晓明译，《建筑师与设计视觉笔记》，中国建筑工业出版社，1999，P128。

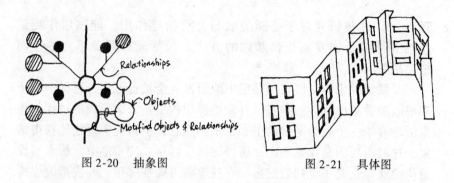

图 2-20　抽象图　　　　　　　　　图 2-21　具体图

练习 1　图解人际关系

请回忆一下高中班级中的同学交往情况：班级里有几个"小团体"？"小团体"之间的关系又是怎样的？他们各自与外班同学间的关系如何？从入学到毕业，"小团体"是怎样形成变化的？……借助绘图的方法记录如上问题的解答。

练习 2　画左手

分别按下列要求画自己的左手，先画展开的手（手心或手背），再画两种不同的姿势。①仅用简单的几何形状概括手掌和手指的形状；②画出手的完整轮廓；③画出主要的掌纹；④用光影表现手。

练习 1 中，用到的圆圈、方块、直线、箭头和文字等符号，都是明确的抽象绘图语言。练习 2 中，好像在讲授绘画的步骤，但是在思考的循环过程中并不要求这些，这里表明的是从抽象到具体的不同程度的绘图语言，它们适合于不同思维对象、不同思维阶段的需要。在建筑设计逐步完善的过程中，设计者所使用的绘图语言也逐步地具体化。

2. 掌握构绘工具的作用

不同的绘图语言需要不同程度的绘画技巧，越接近视觉真实的绘图语言越难以操作。什么样的绘图技能才是设计者应当掌握的呢？

图 2-22 是姜文在拍摄《阳光灿烂的日子》时，导演角本中的一页。很难想像有视觉冲击力的画面在导演的计划中只是这样一堆图画和文字。建筑师也如导演，他们所要创造的真实并不体现在图画上，导演的作品最终呈现在银幕上，建筑师的作品是呈现在人们的生活中。

运用绘图语言的目的是辅助思维。虽然同样是画画，对思维草图和美术作品的要求却是截然不同的。美术作品要的是美，要能够引起视觉的愉悦；思维草图是功能性的，要求的是思维清晰准确的表达。就如作家和书法家同样要用到文字，对书法家的要求是字写得好看，字体本身的艺术性是成为书法家的必要条件；作家的文稿常常随意涂

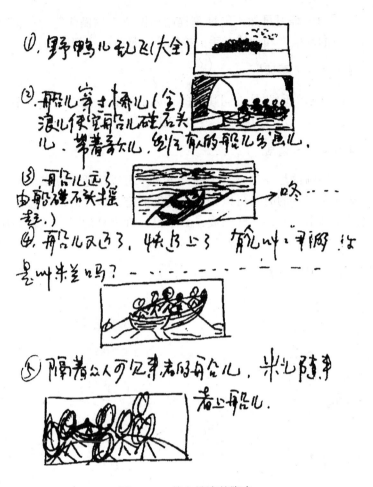

①野鸭儿乱飞(大全)

②船儿穿过桥儿(全)
浪儿使船儿碰石头
儿.带着桨儿.到了有的船儿划远儿.

③船儿远了
由船碰石头摆
动.)

④船儿又近了,快划上了.船叫.甲船:这
是叫朱兰吗?————……

⑤隔着众人可见朱兰的船儿.米儿随着
看上船儿.

图 2-22 姜文导演的脚本

抹,誊抄也只是为了让别人看清字迹,文字所表述内容的艺术性才是成为作家的必要条件。绘画对于创造者就如文字对于作家一样,是工具而并非目的。视觉思维中绘制的草图不必追求漂亮,就如作家在自己的文稿中不必注意字体的优美。

设计过程中绘图的作用是表达设想,虽然不要求画得漂亮,但要画得自由顺畅,能够通过操作各种绘图语言快速、清晰、完全地表达和记录自己有关设计的各种设想。如果绘图技能不熟练,可能会因为画出的图不能很好地表达想法而不被他人接受,从而自己也失去了信心;或是在构绘的过程中由于精力集中在绘图上,只为图画得好,而停止了思考,只绘图不构想,失掉了绘图在构想过程中辅助思维的作用。

所以熟练掌握绘图语言,对设计思维的增进是十分有益的。然而要达到顺畅自如地操作绘图语言,还是必须经过训练的。提高操作绘图语言能力的最好方法,是在随时的设计思考中充分地运用,不断地

九层之台起
累土（日·酒
井康堂）

九州生气恃风雷
（邓散木）

别有怀抱（清·
黄牧甫）

生死悠悠（日·松
丸东鱼）

天工人拙（日·山田
正平）

放下便是（民初·
易熹）
印章

练习。下面的练习虽然不能即刻提高绘图语言的操作能力，但是对于训练观察的准确性和训练对手的控制能力是有一定帮助的。

练习3　"摹印"

小图所示的印章是不同朝代的，风格迥异，把它们临摹下来，体会线条的韵致，并尽力在临摹中传达出这种美。

练习4　一笔画

下面的画都是一笔画出来的，练习中可以用透明纸来描画，也可以临摹，在临摹的时候可以先画出辅助的定位线，画的时候注意不要重复。如果不提笔，一气画成，并不是一件容易的事。试着创作几幅"一笔画"怎么样？（图2-23，图2-24）

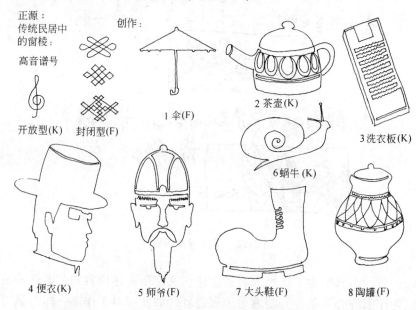

图 2-23　一笔画

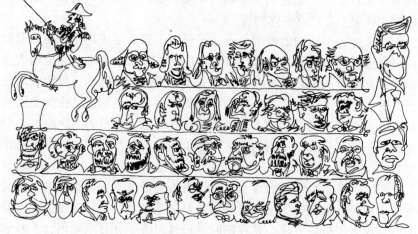

图 2-24　一笔画

3. 形成灵活的，个性化的绘图语言

绘图语言的选择是灵活的，绘图工具的选择亦可任凭设计者的爱好和习惯。钢笔、铅笔，单彩、色彩，透明纸、不透明纸，绘图、模型，手工、电脑，都可以。但不同的工具有其各自的优势和局限，比如铅笔绘图，工具简便、快速，易重复修改，但限于平面又需要较高的表现技能；做模型，直观易懂，对建筑表现全面，但费工耗时，不便重复修改；计算机辅助，动态全面，材质、光影真实模拟，易重复修改，但对工具性能要求高，且难以熟练掌握。在设计过程中要能根据不同设想表达的需要，调动各种绘图工具的优点，为设计本身服务。

能够自如地运用绘图语言的设计者的草图常常具有明显的特色，表现出独特的美。这种个性化的美往往是自然而然产生的，源自于设计者的绘图习惯，有时甚至是某种局限。就如每个人写字都有自己的笔体一样，个性化的绘图也是在专注于思考时，下意识流露的。与书法家和画家的风格不能混为一谈。所以不要去刻意地追求自己的风格，更不要盲目地模仿他人的风格。做下面的练习体会一下自己的"风格"。

练习5　临摹漫画

（1）图 2-25 上面的漫画中都有许多重复的形象，摹画时不要修

图 2-25　漫画三则

听有音之音者聋
（清·吴昌硕）

人间可哀（乔曾劬）

卑人自牧（日·浜村藏六）

花好　月圆　人寿
印章

改，有错误或不准确时，在画下一个形象时改进。（是否感到要画准漫画形象并非很容易？因为这是漫画家的风格。）

（2）用自己习惯的画法，表达同样的主题，重新来画这几幅漫画。

三、构想的回路：表达——检验——循环

1. 循环的过程

右边是演算方程式的两种方法，一行一行的算式，记录了每一步的计算过程，如果不使用数字和算式，解题就会很困难。与演算一样，所有的思维工具，语言、符号和图画的作用都是帮助思考者把想法表达出来，这样他可以从客观的角度清楚地看待自己的想法，并且能够根据自己的目标来评价它，从而可以改进和完善它，当他再次借助语言和符号时，表达的想法就增进了一步。这样就形成了思维的回路，如此的反复就形成了思维的循环。在思维的循环中，想法不断地得到发展，直到实现目标为止。

当运用视觉思维解决设计问题时，思维同样要经历从表达到检验再到表达的循环过程（图2-26）。建筑设计要解决方方面面的问题，有意识地按照思维发展的客观规律去做，将问题纳入思维的循环中去解决，才能找到解决问题的最佳途径。

2. 评价

评价是自我审视的重要环节，通过评价发现有价值的设想，发现各个设想有价值的部分，并寻找不足，进而明确下一步的构想目标。评价要真正地起作用，应当在适当的时机进行，并且要恰当地运用一些评价方法。

不要在一个想法刚刚表达出来，或在表达的同时就进行评价，更不要在想法还没有表达出来的时候就认定它的好坏。这种想法的产生往往是下意识的，要学会控制它的出现。对一个设想的评价，总是来源于对问题的认识，而人们在理解问题时，尤其是对建筑设计这样的综合性问题，又总是随着探求解决方法的过程而一步步地深入和明朗的。评价的标准也是在这个过程中才逐渐地全面和客观起来。一般来说，评价在探索型设想构绘结束后，开发型设想构绘开始之前展开。

在进行评价时，要把所有的草图都展现在眼前，运用前一章介绍

因式分解法：

$$10x^2 + 3x - 6 = 10x + 6$$
$$10x^2 - 7x - 12 = 0$$
$$(5x + 4)(2x - 3) = 0$$
$$x^1 = -4/5$$
$$x^2 = 3/2$$

求根公式法：

$$10x^2 + 3x - 6 = 10x + 6$$
$$10x^2 - 7x - 12 = 0$$
$$x = (7 + \sqrt{9 + 480})/20$$
$$x_1 = -4/5$$
$$x_2 = 3/2$$

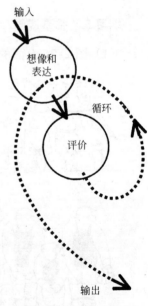

图2-26 构绘的循环

的"全新化"的观察技巧，审视每一张草图。要变换自己的角色去审视，使自己不再是一个设计者，而是用使用者的眼光，投资者的眼光，审批者的眼光，批评家的眼光，去评价每一个设想。要抛开所有已有的设计想法，用陌生的眼光，怀疑的眼光，仿佛初次见到的眼光去看待自己的草图。设想间的相互比较是发现优劣的一个好方法，但不要简单地一概而论，不同的角度，不同的层面可能会出现相反的结论。每一个评价，不要只停留在头脑里，把它记录下来，就像构绘一样，只是要更多地用到语言文字，可以用不同颜色的笔以清晰表达。

当对每一个设想的评价都做到充分的时候，整理并使评价的标准系统化：对于设想每一方面有几个标准来衡量，哪些标准、哪些方面是主要的，哪些是附属的，有没有被自己忽略的标准，形成了一个清晰的评价框架后，可以在构绘循环的各个评价环节运用，并调整完善，也可以引用到其他的设计过程中。

练习 6

综合练习：按照所给的目的要求尽可能多地提出解决办法。

目的：将一个 900mm 长 600mm 宽的平面（可以是任意材料），固定在 750mm 高的位置上当作桌面用。

步骤：

a. 画出 30 个大小一致的"桌面"备用；

b. 在 15 分钟内，尽量全部填画出你的解决方法；

c. 参照下表的方法对你的全部解决办法做出评价；

方案	舒适	工艺	造价	使用	造型	……
方案 1						……
方案 2						……
……						……
方案 *n*						……

d. 根据上面评价的结果，挑选一个最适合作为学习课桌的，再用 15 分钟来完善它（包括：桌面与支撑的材料，支撑的具体形式，尺寸，连接的设计等，并画出简单的三视图），同时注意吸取其他方案的优点。

第二篇　创造思维和创造技法训练

创造性思维是运用新颖独特的方式方法，解决问题的一种积极主动的思维活动。本篇没有设专门的章节来讨论创造性思维，只是通过创造技法的学习，理解方法中所包含的创造思维。

创造技法是从创造发明的实践中总结出来的一些规则、技巧和方法，多用来指导人们克服心理障碍和消极的思维定势，激发想像、联想和直觉等非逻辑思维的产生，促进思维的灵活转化。

本篇选择了在建筑创作中经常能够发现其踪迹的十几种创造技法。使用"踪迹"这一说法，意思是建筑设计的创作中运用了这些方法的内核，但并非都是按照创造技法的程序进行。所以，在理解和学习创造技法的过程中，也要有灵活的态度。特别是，不同的创造技法形成过程所依据的背景和指向的目的不同，它的通用性也各有不同。学习者可以创造性地加以运用，甚至可以在某种方法的基础上，形成自己独特的方法和技巧。

本篇所介绍的方法和技巧，有些很容易理解，如模拟法、组合法等；有些技法的思想内涵比较高深，如符号类比法，学习和掌握它则需要达到较高的思维水平；有些技法操作起来灵活性很大，如联想法；有些则程序较复杂，如等价变换法。之所以强调操作程序，目的是把思维过程清楚地展现在面前，就像用慢镜头的方法可以帮助运动员发现动作上的毛病一样，思维的分解有助于发现思维的症结所在。

学习创造技法的同时，还应该注重创造性人格的塑造，只有具备智力、经验、知识、动机、意志、情感等因素的情况下，创造技法的运用才能产生最好的效果。对创造技法的掌握，也主要不是靠讲授和看书，而要靠练习和体验。

第三章 联 想 法

开香槟酒瓶塞时有这样一种方法，那就是：用力摇晃酒瓶，然后在其底部猛击一掌，由于瓶内液体及气体的猛烈冲击，使瓶塞冲离瓶口。

美国医生 H·海姆利希博士，是一个思维非常活跃的人。在一次见到这种开瓶方式时，他突发奇想：这种奇特的方法，能不能在医学中派上用场呢？这种强制联想式的思考，使他想到：人的呼吸道也是某种意义上的"瓶子"，如果发生"气管异物"，能不能像开香槟酒瓶那样，利用呼吸道中的气体，将异物冲开呢？经过深入研究，他设计了这样一种自救方法，即：患者将一个拳头猛然塞进胃窝部，使得胸部产生突然的超压，致使膈肌骤然上移，推压肺部产生高压气体，从而使气道内的异物如瓶塞一样冲离出去。海姆利希的这一创造虽然不需要任何设备，但效果却出奇的好，许多人正是运用这一方法，使患者自身或他人脱离了险境。

联想

从一个事物想到另一个事物，从一个概念想到另一个概念，从一种方法想到另一种方法，从一形象想到另一形象的心理活动叫联想。联想法就是通过一些技巧，或者激发自由联想，或者产生强制联想去促进问题的解决。联想之后往往随之进行类比，因此很难将它们区分，但是作为联想法和类比法，在技巧上还是有许多不同。

第一节 联想的分类和作用

一、联想的分类

人们在日常的创造性的思维活动中常用的联想可以分成以下几类：

（1）相近联想：是在时间和空间上接近的事物表象的联结。如看到桌子想到椅子，提到起床的时间，自然地想到电视播早间新闻。因为在信息存储编码的过程中，时间空间上相近的事物就是存储在一起的，所以表象的这种联结通道是经常打开的，人们可以毫不费力地、自发地遵循这种途径去思考。这一途径虽没有创造性，却是产生其他联想的基础。

（2）相似联想：即对一件事物的感知回忆，引起对它在性质上相似的事物的感知和回忆。这种途径是思维空间跳跃的结果，模仿、学习和借鉴的需要，决定了注意力对事物之间某方面相似的敏感。相似联想在创造中占有重要的地位，许多创造技法所采用的基本思维形式是相似联想。本节所介绍的方法以及第四章模拟法和类比法都大量运用了相似联想。

（3）相反联想：由某一事物的感知和回忆引进与它具有相反特点的事物的感知和回忆，是一种逆向思维。相反联想的挑战性、新颖性、独特性往往都大于相似联想。在人格上更具有叛逆性格的人，在认知风格上更具有独特性的人，能自如地进行相反联想，而多数人需要特意地运用相反联想的方法，才能产生相反联想。相反联想将在第六章里介绍。

（4）自由联想：是头脑中储存的记忆表象，由于某种契机而使另外一些表象与之自然而然地发生的联结过程，如由计算机想到游戏，从游戏想到儿童，由儿童想到未来，由未来想到科幻小说……。

（5）强制联想：是把任何毫无关系的事物强拉在一起的一种联想，只有想象力丰富，思维灵活多变的人才能做到这一点。强制联想。提供了发现相似性和相反性的可能和机会，有助于打破原有的固定联系，建立新的联系。

二、联想的作用、能力与局限性

1. 作用

联想是创造性思维的一个核心过程，运用联想可以为产生新颖的构思打开思路，解决具体的问题。联想是人们凭借自己以前所学的知识、获得的经验，通过敏锐的观察、判断，从一事物、概念、方法或者形象联想到另外一个事物、概念、方法或者形象的心理活动，联想常常是类比模拟的前奏，因此与产生具体结果的创造性思维过程紧密联系。在建筑构思过程中，运用具体的联想方法可以打开思路联系的通道，由此设计者运用模拟的方法，产生系列的新颖、独特的造型，如小沙里宁设计的肯尼迪机场环球航空公司(TWA)航站楼（图3-1）、伍重设计的悉尼歌剧院（图3-2）、西班牙青年建筑师卡拉特拉瓦设计的法国里昂市塞托拉斯铁路车站（图3-3）等等。

联想的第2个作用是有助于产生审美体验。设计师还可以创造具有多重含义的空间形象，诱使建筑的使用者产生联想，赋予建筑丰富

图3-1 小沙里宁的肯尼迪机场环球航空公司(TWA)航站楼

图 3-2 悉尼歌剧院

图 3-3 法国里昂市塞托拉斯铁路车站 （卡拉特拉瓦设计）

的寓意，如所谓的后现代的建筑作品（图 3-4）。柯布西耶在朗香教堂的设计中，熟练地利用了混凝土的塑性、人们朝拜时的心理感受、地中海文化的含义等等赋予朗香教堂多重含义以及模糊性、不确定性。这些含义的产生就是通过联想获得的，参观者也是通过联想获得这方面信息的。人们看到了朗香教堂脑中会浮现了鸭子、轮船、修女

图 3-4 格雷夫斯的建筑意象

图 3-5 朗香教堂的隐喻

的帽子、合拢的双手等形象，也联想到宗教的礼节（图 3-5）。另外设计师通过联想也可以解决建筑设计过程中的具体问题，更新设计过程。

2. 能力

联想是人人都会的，但联想能力确是各不相同。联想能力不仅是个先天遗传的问题，还包括后天学习的过程。只有那些记忆力强、知识丰富、知识面宽广的人才具有较强的联想能力。在建筑设计思维过程中，也同样如此。是否在设计的某一过程中具有创造性，也和他的联想能力、他的建筑及相关学科的知识面有关。只有那些建筑知识丰富的人在设计构思的过程中才能熟练地运用联想，设计出让自己满意、让公众认可的形象。在进行创造活动的过程中，运用一定的联想方法一方面可以提高我们的联想能力，获得创造性的结果；另一方面提高审美欣赏能力。

3. 局限性

建筑构思过程中运用联想和在其他发明创造过程中运用联想是不同的。产品的开发等创造活动其结果具有直接性，随意性强。而建筑因为其艺术性和技术性所受的约束多，人们的自由联想，最终会受到建筑本身功能、形象、精神和审美等方面的约束。悉尼歌剧院的形象有很多美丽的联想，但在建造过程中颇费一番力气，可见其局限性。

三、联想法

所谓联想法，是人们总结概括出来的一些促进人们产生丰富联想、控制联想途径、方向的技巧。对于联想能力较弱的人来说，通过联想法的训练可以打开思路，调动心理资源，建立新的联系，从而提高联想力。联想法有多种，本书主要介绍自由联想法和强制联想法。

第二节 自由联想法

自由联想是一种思维的自由探索，是思维的发散式过程，即自然地从一事物想到另一事物的过程。自由联想的过程是随意的，其结果是不确定的。本书主要介绍自由漫谈法和入出法两种。

一、自由漫谈法

1. 定义

自由漫谈法是在禁止批判、自由奔放、踊跃发言和借题发挥四条原则基础上，召集若干人对诸多问题征询解决办法和意见的方法。

2. 自由漫谈法的原则

（1）禁止批判

就是为人们的讨论提供一个宽松自由的心理环境。这在集体讨论时至关重要。因此参加讨论的人应有团体合作精神，不能在问题上有原则的分歧，如讨论某种风格时，持有现代的和后现代观点的人很难达成共识。

（2）自由奔放

参加人思维应该活跃，充分自由地调动自己的联想能力。

（3）踊跃发言

由于个人经验和知识面的不足对解决问题会有所限制，许多人在一起，只有提出不同角度的见解才能有助于问题的发现。

（4）借题发挥

先发表的意见起到启发、诱导作用，后发表的人尽可能在别人观点基础上纵横发展，产生连锁反应，这样越到后面，发表的观点质量越高，这样可以互相启发、互相补充，有利于问题的解决。如果各讲各的，相互不发生思想碰撞、交流，也很难激发出智慧的火花。

3. 自由漫谈法的应用

自由漫谈法在建筑设计上应用比较多，特别是在讲究团队精神的今天，通过自由联想法有助于问题的提出，获得最佳效果。例如我们接到一个设计题目，几个人要从不同角度对这个题目进行分析，有人会从环境角度对题目提出要求和见解，有人会从文化角度提出见解，有人则从功能上提出见解，同时，对于每个角度，所有人都会提出自己的意见，这样才能有助于选出大家满意的方案。国外的许多建筑事务所在方案前期阶段，往往都采用这种方式，这也是他们能够成功的基本保证。

例如，某大学设计小组在社区中心的设计过程中就应用了自由漫谈法。这是个竞赛题目，限制较少，没有提出明确的功能要求，大家接到这个题目时无从下手，对社区中心的内容也不了解，于是老师组织学生进行个人调研，然后应用自由漫谈法进行集体讨论。

首先，针对目前的具体情况编制了调查表。调查内容包括几大项：社区规模、人口构成、地点选择、设施、功能、服务对象、社区发展趋势等。

然后,同学们根据调查表的几大项进行问卷调查,由于学生自身条件的限制,他们往往仅从某一方面进行较深的了解,提出自己的见解,有时调查超出调查表范围,这往往更有助于问题的展开。同学们根据自己的熟悉程度选择不同的地点、调查对象,如有的同学选在老工业区中的社区,有的选在高档住宅区,有的则选择在农村,也有的同学从不同的角度探讨社区中心,如生态方面、无障碍设计方面、老龄化社区等等。这样对后期开展自由漫谈法的讨论提供了许多思路。

最后,回到班级进行初步讨论,根据自己的调查结果,运用自由漫谈法畅谈应该设计什么样的社区中心。

A. 每个人提出自己的调研重点、调研方向,其他同学进行针对性的讨论。

B. 每次讨论结果一一列出来,大家各抒己见,逐渐明确了自己的设计方向,得出以下多种结果:

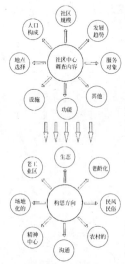

· 生态的社区中心
· 老龄化的社区中心
· 老工业区的社区中心
· 场地化的社区中心
· 桥——沟通的社区中心
· 稻花香——农村的社区中心
· 节约用地的社区中心
· 半地下的社区中心
· 反映民风民俗的社区中心

运用自由漫谈法扩展了设计题目,深入了解了各个题目的内容,对社区中心的设计提供了社会的、综合的依据。

练习1

(1) 运用自由漫谈法对自己的宿舍做一分析。

(2) 运用自由漫谈法对香山饭店作出分析。

(3) 运用自由漫谈法提出解决某大学新教学楼建设中的教室朝向问题(大楼坐西朝东,朝西的教室夏天西晒,冬天西北风)。

二、入出法

1. 定义

此方法的特点是把所期望的结果作为输出,以能产生此输出的一切可以利用的条件作为输入,从输入到输出经历自由联想提出设想,用限制条件来评价设想,由此反复交替,最后得出理想的输出。此方法和自由漫谈法相比多一个评价过程,得出的结果更有意义,更为成熟。

2. 入出法的使用程序

(1) 主持人提出输出;

(2) 与会者根据输出提出各种输入;

(3) 对输入进行全面的分析;

(4) 与会者提出种种联想和设想;

(5) 由主持者宣布限制条件;

(6) 与会者根据限制条件继续提出各种联想和设想;

(7) 给出联想的评价结果,给出输出。

3. 入出法的应用

上面提到的自由漫谈法经常应用于建筑设计过程的最早期阶段,是广泛调查、寻求多方面解决问题的过程,而入出法则是明确了问题的方向而通过多途径解决这个问题的过程,是设计构思过程的再深入、再明确的过程,这也是人们思维过程的必经阶段,因此入出法在建筑构思阶段是非常重要的,对于集体合作的设计,通过入出法的讨论,有助于解决问题,发现答案,最终得到各方满意的设计。

在设计课的教学过程中可经常应用入出法对构思的结果进行讨论,比如在社区中心的设计中,同学们根据自己的调查和自由漫谈法的讨论得出了以上各个结果,但社区中心在反映以上各个方面结果的同时,它们应该有一个共性,即我们设计的社区中心到底反映什么内涵,应用入出法讨论如下:

第一,输出结果——一个具有归属感的居民生活中心。

第二,人们根据结果提出各种联想。

(1) 家庭生活社区化;

(2) 吃的场所;

(3) 玩的场所;

(4) 学习的场所;

(5) 买菜、休息、聊天、下棋的地方;

(6) 建造在阳光、空气、位置都好的地方;

(7) 是否要反映居民的文化;

(8) 是否布置硬地、绿地等;

(9) 灯光场地。

等等。

第三,提出种种假设后接着讨论那些能形成具有归属感的社区中心。

第四,人们开始提出各种限制条件。

(1) 基地的限制;

(2) 哪些人利用社区中心;

(3) 建筑自身条件的限制;

(4) 自然环境和文化环境的影响;

(5) 造价的限制;

（6）用材的限制。

等等。

第五，人们对这些限制找到对策，最后结果是形成具有归属感的社区中心。

我们看到在设计过程中运用入出法就是不断地设想，不断地发现问题，评价问题，最后达到输出的结果。

在这个社区中心题目的设计中，有的同学选址在农村，通过分析当地的地理位置、经济状况和居民精神生活的需要，设计了具有当地特色的社区中心。该设计的构思是：使农村通过社区中心放眼外部世界，获得外面最新信息，汲取知识，受到教育，最终充分发挥地方资源优势，发展市场，提高人们的物质与文化生活，使农村时刻和外界联系在一起。该同学利用原来的交易市场、古树、古井形成一和谐空间（图3-6）。

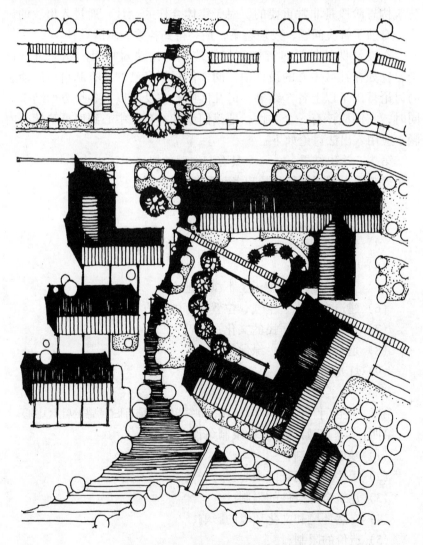

图 3-6　社区中心设计方案总平面图

练习 2

（1）以网络节点为输出内容考虑所有输出条件，设计新式电话亭。

（2）讨论茶室的输出结果，依次列出茶—茶道—茶室各阶段的输入条件和各个关系，设计（或设想）茶室的发展之路。

第三节 强制联想法

联想是两种心理现象建立关系的历程，关系建立后，其中之一出现时，将引起另一个的反应。时间上、空间上接近的事物很容易建立起这种联系，如看见桌子自然会想到椅子。一些性质上如外形相似的事物，也容易建立起联系，如看见蜘蛛网就会想起渔网。但是一些相距很远的事物，如果不采取强制性措施，人们很难在他们之间建立联系。而创造性思考往往需要发现事物之间新的联系，甚至跳跃性地创建新的联系。强制联想法就是强制人们运用联想思维，充分激发人的大脑想像力，产生有创造性设想的方法。运用强制联想法时，需要在不相干的事物之间强制性地建立某种联系，从而获得意外的设想。

一片草叶与一把菜刀之间有什么相似性，设计一种新式菜刀能从一片草叶身上汲取什么启迪？草叶呈墨绿色，有根须，雨水落在上面就会滚下（不透水），并且还是生长的、活的等等。草有颜色，或许启发我们设计一把彩色菜刀。草有根须，或许启发我们设计刀架、钩扣或皮条连在菜刀上，使菜刀"植根"于厨房这片沃土，以免丢失或孩子拿着玩。水珠总是从草叶上滚落这一属性启发我们将刀面抛光镀铬，使之防水防锈。草是活的，或许可以启发我们设计一种可以伸缩或可以折叠的菜刀。要看出草叶与菜刀之间的相似性，必须发挥我们的创造想像力。一个审慎而又富于创造力的问题解决者，不仅能够硬想出互不相关的项目之间的联系，而且能够硬想出它们之间的新颖的富于独创性的联系，从而导致问题的创造性解决。

强制联想可以把任何毫无关系的事物强拉在一起，乍一看，好像非常荒唐，其实是打开了事物联系之网，提供了发现相似性和相反性的可能和机会，有助于打破原有的固定联系，建立新的联系。

认知心理学认为强制联想的思维机制是打乱原有信息存储编码，创造新的编码，然后搜索可行的新编码。所谓与所解决问题没有联系的事物，就是按原信息存储编码没有建立联系的事物，因而要使用时就无法调出。如果完全随机地将这类事物与要解决的问题纠缠在一起，再通过事物要素的重组和想像，也许就能暴露出事物之间的某一侧面的联系。比如，花与床没有联系，这是因为在信息存储时，花作为植物，床作为家具是分类编码存储的，花的脆弱，床的坚硬，花的短暂，床的长久，花的香味，床的无味，都是它们不能被编在一起的原因。当把它们强联在一起时，或许会发现花作为承受雨露的容器与床作为盛人的容器是相通的。能够找到彼此的类似，前提是通过联想使二者建立了联系。发现了类似，也就为转化做好了铺垫。

　　建筑师在构思方案的过程中，有时需要通过强制联想法获得某种灵感，将一些若有若无的想像强制性转化成方案的构思。如 96 级大学生竞赛一等奖的方案（图 3-7），把旧码头、集装箱和大学生夏令营联系在一起，形成独特的方案，这也是其获胜的原因之一。又如某年日本新建筑杂志社举行的题为"茶室"的竞赛，一等奖的方案是仅在山间小路上利用两侧树木支撑了一块布，一般人很难想到，细想又合情合理，作者能把这些要素联想在一起或多或少运用了强制联想法。

图 3-7　　96 级大学生竞赛一等奖方案

　　应该说强制联想法可以迫使人们去联想那些根本想不到的事物，从而产生思维的大跳跃，跨越逻辑思维的屏障而产生更多的新奇怪异的设想，而有价值的创造性设想往往就会孕育其中。这便是强制联想法的创新机理。对于建筑创造来说，创造性的设想来自于社会生活的方方面面，会受到各种制约，运用联想仅仅是获得建筑某一方面的独到之处，并不是建筑设计的全部，但这已经足够了。强制联想法有多种，本书仅介绍目录法、焦点法和图片联想法，这三个方法都强调构思过程的多样性，是建立独特性构思的基本方法。

　　一、目录法

　　1. 定义

　　目录法就是一边翻阅资料目录，一边强制性地把偶然出现的信息与正在考虑中的主题联系起来，从而产生独创性设想的方法。

　　目录法在建筑方案构思过程中应用极广，每个建筑师身边都会有一些和建筑有关的或无关的杂志、图片等，在构思过程中会东翻西找，以期待从某一个图片、某一段文字、每个思想受到启发，获得灵感。门德尔松在设计爱因斯坦天文台（图3-8）时，就是从解读爱因斯坦相对论的过程中获得启发，利用混凝土的塑性，塑造了具有不可预测性的自由曲线形的形体，造成了神秘莫测的氛围。正如赖特所言，抓住一个想法，戏弄之，直至最后成为一个诗意的环境。许多事物和建筑空间联系在一起往往能创造许多独特的形式。赖特早年设计的罗密欧与朱丽叶风车塔，以富有想像力的名字使这个塔富有诗意，"朱丽叶拥抱着罗密欧，使

图3-8 门德尔松的爱因斯坦天文台

他挺立着迎接劲风的考验"（彩图3-1）。同样，亚利桑那的西塔里埃森（彩图3-2）使人感受到原始粗放的情趣，似乎是一望无际大沙漠中的一叶方舟；巴格达文化中心似乎在诉说天方夜谭的故事。

2. 目录法的使用程序

（1）确定问题，但主题不能偏颇，范围要广；

（2）准备似乎与主题无关的丰富的照片和图片，以便于人们产生印象；

（3）翻阅时随机选择；

（4）产生强制联想；

（5）实现主题飞跃式的解决方案。

3. 目录法的例题

如在设计民俗研究中心的设计中，同学往往无从下手，一方面对民俗的概念、范围所知甚少，另一方面对民俗和空间如何联系不清楚。针对这些问题我们可用目录法进行研究，获得独到的构思。以上主题已经确定，需要扩展信息，打开思路。

随意提供一组同一题材的照片如服装，我们会发现它们在样式上、布料上、色彩上都有各自的特色，不同民族、不同地域的服装存在的差异，以及人们的穿着方式就是当地的民俗。实际上民俗体现在衣食住行、婚丧嫁娶等各个方面。使用目录法我们把服装和民俗联系在一起，对民俗的概念有了认识。

其实很多民俗就是通过限制联想形成的。图3-9和图3-10是人们在生活中常常采用的图案，这些图案被人们作为避邪宝物应用于日常生活中，人们强制性获得这种关联的意义，这就是民俗。

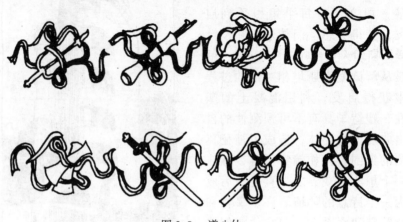

图3-9　道八仙

图3-10　佛八仙

民俗与建筑空间又怎么联系在一起的，图3-11为客家聚居的空间理念图，所有人供奉一祖公，共享一空间，每个家庭不分彼此，皆环居四周。家族血缘关系维持的群体所形成的理念空间，衍生出这种聚居的空间关系，形成一种民俗。这种空间关系在很多村落都有（图3-12），实际上某种民俗形成了特定的空间关系，特定的空间关系反映特定的民俗。

4. 名作赏析——筑波中心

日本建筑师矶琦新的筑波中心是后现代主义建筑的典型作品，它位于筑波科学城的中心位置，包括了文化娱乐、行政管理、商业服务

图 3-11 客家聚居的建筑理念

图 3-12 福建莆田魏塘村宗祠

和科技交流等设施。在这个作品中，矶琦新为了表达自己的意图，把从各地搜集来的各个时期的建筑细部和片断都汇集在一起，每个细节和片断都让人有似曾相识的感觉。在这些细节和片断中，有的是神话传说，有的是绘画作品，有的是建筑片断等，矶琦新神奇般地把它们汇集在一起，获得了意想不到的效果。

矶琦新把平时所看、所思的思想和形式在整个建筑中体现得淋漓尽致，一方面说明矶琦新知识的渊博，另一方面也说明了他极强的联想能力和综合能力。下面列出了筑波中心中他采用的各个片断：

总体构图——委拉斯开兹的绘画作品"宫廷的侍女"

广场平面——米开朗琪罗的罗马市政广场（彩图3-3）

下沉的形式——洛克菲勒广场

窗户和外墙——列杜和格雷夫斯两种风格的混合物（彩图3-4、彩图3-5）

月桂树青铜塑像——水边月桂女神

树枝的金色面纱——达芙妮女神化为月桂树后的外衣

广场中心的喷泉——消失了的罗马皇帝像

花园——巴洛克花园

石盆——耶稣最后晚餐中的石盒

小径和瀑布——穆尔的意大利广场和哈普林的景观（彩图 3-6）

形体的连接——梦露曲线

等等。

这些形式的意义是本身固有的，作者把它们组合展示在公众面前，它们成为传播意义的媒介。

矶琦新把这些片断与筑波中心本身的功能和形式强制性地联想在一起，这些片断经过作者的联想和提炼，把看似不相关的东西组合成"一幅群体肖像画"。

练习 3

(1) 找几本电影杂志，随机翻到一页，利用这一页的信息，产生强制联想，解决交往空间功能重叠的问题。

(2) 在一些和水面有关的图片中，找出滨水建筑的多种解决方案。

二、焦点法

1. 定义

焦点法是美国 C·H·赫瓦德总结的一种创造技法。所谓焦点法就是以解决的问题作为焦点，以任意选择的一个事物当作刺激物，强制地把焦点与随机选出的要素结合在一起，以促进新设想产生的方法。焦点法是一种强制联想法。

焦点法在方案设计过程中应用比较广，我们在设计过程中所遇到的每一个问题，都可以采用焦点法进行解决，通过随机选择刺激物（思考角度），强制联想得到许多创造性的解决问题的设想，最后通过各种制约因素的评价得到最好的结果。

同样一个设计题目，因为刺激物的不同，也即思考的角度不同，会形成不同的方案。相同的地形、相同的设计内容，经过不同人不同的角度，得到不同的方案。这是在设计过程中经常碰到的现象。

2. 焦点法的操作程序

焦点法的操作程序是（图 3-13）：

第一步，确定发明目标 A，如要发明新式椅子；

第二步，随意挑选与椅子风马牛不相及的事物 B 做刺激物，如灯泡；

第三步，列举事物 B(如灯泡)的一切属性；

第四步，以 A 为焦点，强制性地把 B 的所有属性与 A 联系起来产生强制联想。若能产生新奇有效的想法，就得到了一系列有关椅子的设想：发光椅子、发热椅子、电动椅子、插座式椅子、螺旋式椅子、真空椅子……，有的可能很荒唐，有的则有一定价值。如果都不令人

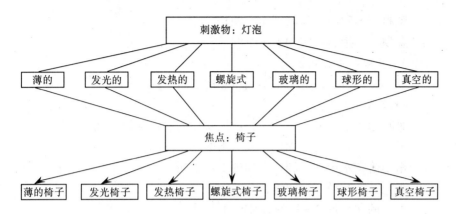

图 3-13 利用焦点法发明新式椅子

满意，还可以就其中一种属性，产生进一步的联想。如，由圆形扩展到一切自然界的物体外形……还可以产生第三层次的更细致的联想。如由人体外形，联想到脚形、脸形、鼻子形、耳朵形、口形、眼睛形……再分别将这些联想结果与焦点硬联在一起，直到找到令人满意的一个或几个设想，如发明一种手形的椅子。

在使用焦点法时，每产生一个层次的联想，就意味着突出事物的一种属性，如某种外形或某种功能；随之，类比如适当，刺激物的有用要素与目标进行重组，表象的联结就趋于成功。

自然界的一些现象看上去似乎与我们要解决的问题风马牛不相及，但正是它们，往往可以激发出许许多多耐人寻味的见解，有助于我们从面临的困境中解脱。蜜蜂的蜂房激发人们采用蜂窝状结构的建筑材料，海豚光滑的流线体形或许导致了潜水艇的建造，响尾蛇的感觉能力或许导致了红外定向技术的发明。人们不单从随处可见的各式各样的事物那儿获得灵感，甚至看上去与问题完全无关的事物也能够为解决问题提供刺激。

3. 焦点法的例题

（1）要设计一个展示空间，以展示空间作为焦点。

（2）任选另一个项目做刺激物，比如帽子。

（3）将帽子和展示空间之间强制联想。

1）形状方面的联想

圆帽——圆的展示空间；

方帽——方的展示空间；

尖顶帽——尖顶的展示空间；

盔形帽——盔形的展示空间；

鸭舌帽——带鸭舌平台的展示空间。

2）材料方面的联想

布——布艺、帐篷展示空间；

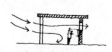

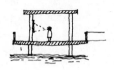

塑料——塑料制作的展示空间；

金顶——带有金顶的展示空间。

3）色彩方面的联想

红、橙、黄、绿等——不同色彩的展示空间。

4）关系的联想

风吹帽子——通风、避风、被风吹动的展示空间、流动空间；

雨天——有棚的、无棚的或听雨的展示空间；

帽子落在水中——利用水面的展示空间；

阳光——开敞或封闭等；

帽子的文化形式——展示空间的形式；

帽子的装饰物——展示空间的布置。

等等。

（4）可以把相关的加以组合，进一步利用帽子的特性诠释展示空间。

（5）根据现有的约束条件，如用地、规模、文化等，得到我们想要的空间。

练习 4

（1）以起居室为焦点，以足球为刺激物，进行强制联想，激发产生起居室设计的新思路。

（2）运用焦点法解决公共住宅入口的居民交往需要问题。（自选刺激物）

三、图片联想法

图片联想法就是在解决问题时利用图片产生联想，启发思维的方法。

1. 图形联想法的定义和使用程序

图形联想法与其他的联想法不同，它不用概念作刺激物进行联想、类比，而是用图画作为刺激物，发挥人的视觉想像力，在图形和待解决的问题中间产生联想，进行类比，获得创造性设想。

例如，用图形联想法解决"如何改善新建住宅小区的集中供热系统的安装，又不降低舒适度"的问题。

第一步，暂时远离问题，看一幅画。

刺激物（与问题无联系）：一幅飞机图（图 3-14）。

图 3-14　747 飞机

第二步：看到飞机，我们能产生什么联想呢？

A. 飞机为了航线上的安全，需要有飞行的时间表。

B. 飞机使用绝热、轻型材料。

C. 设计飞机，应用空气动力学原理。

D. 飞机的飞行速度极快。

E. 驾驶飞机需要训练有素的专业人员。

F. 特殊基础设施，如机场。

第三步，回到要解决的问题，根据以上线索，产生强制联想，提出解决小区安装供热系统的新设想：

根据 A，制订按每日或每周一循环安装供热系统的程序表。

根据 B，使用绝热材料并便于墙面的装潢设计。

根据 C，在房屋中，供暖设备的设计要应用热力学原理，以减少热损耗（例如：对流）。

根据 D，两套供热装置，一套根据室外气温达到一定温度时提供基本热量，另一套装置按要求使温度提高，如洗澡间的温度。

根据 E，提高供热设备维修和管理人员的业务素质。

2. 图形联想法的创造机制

使用语言概念作刺激物，容易使人受抽象概念的束缚，受旧的暗示作用影响，趋于习惯性的思路。利用视觉形象做刺激物可以更远地离开要介绍的事物，通过看图画并理解这些图画，就不再去想那困扰心头的问题，即达到了从熟悉变陌生的过程。图画上的各个特征都是有特定意义的，在图形的启发下所产生的想法必然是新颖的，不同于旧思路的。

另外，图形给人的刺激是非常丰富的，更有助于人们产生大量的联想。

利用视觉形象做刺激物还可以使人直接从形象思维进入问题，更符合人的思维的基本过程和状态。按理说，没有感知觉（经验的积累），便不能上升到抽象的理性认识。但是由于人们学习间接经验和知识的时机大大增加，往往在接受了抽象的理性认识之前缺乏丰富的感性认识积累。所以，一旦需要改进这类事物时，脑子里只有抽象的符号，直接的经验和生动的形象信息十分匮乏，成为在创造发明中难以突破的障碍。远离生活和实践，死啃书本，必然培养左脑发达，右脑萎缩，形象思维不发达的人。康德说过，没有抽象的视觉谓之盲，没有视觉（形象）的抽象谓之空（洞）。这种以图形作为刺激物的方法，可以帮助某些人改变旧的思维习惯，弥补空洞、抽象思维的缺陷，以一种全新的途径去解决问题。

3. 集体使用时的程序

在集体讨论时，也可以使用图片联想法。

具体的程序如下：

(1) 确定要解决的问题。

(2) 给小组成员看一张图画。

(3) 每个成员都用一、两个句子描述他看到的东西。（远离了要解决的问题）

(4) 小组成员努力把图画中的种种元素或结构与所考虑的问题联系起来，并越来越详细地分析首先获得的印象，即逐步完善自己的设想。

(5) 当小组成员不再有设想时，看下一张图画，重复上面的过程。

小组最好在实施这个方法之前，将要解决的问题讨论一下，最后在设想产生后再交换一下好的设想，确定最优方案。

使用图形联想法时，挑选图形很重要，最好是与解决的问题相距很远，又具有幽默感的。有的创造小组专门设计了一套图，如发明这个方法的德国巴赫勒－法兰克福的研究所就制作了专门的一套图。

4. 例题

同样是解决"如何改善新建住宅小区的集中供热系统的安装，又不降低舒适度"的问题。不同的是，让我们看另一幅画：一个大怪物（图 3-15）

图 3-15　大怪物

解答：

看见这个大怪物，首先产生的印象是：

A. 它的尖尖的爪子；

B. 它的头发毛茸茸的；

C. 它的眼睛圆圆的，但有点忧伤，也许它是个王子变成的；

D. 它的手表达了一种含义，这叫身体语言。

我们还能产生什么新的设想？

根据 A，想到牙齿尖尖的老鼠，老鼠喜欢在地道里活动，因为地道有供暖管道，说明供热过程中热量的损失；因此，应当给供热管穿上更保温的材料。

根据 B，在暖器上包一层毛茸茸的东西，这样来暖器时，热量可以储存在里面，让热量一点点散发，克服了供热时屋子太热，而不供热时屋子又太冷的毛病。

根据 C，联想到外表和内在本质有时截然相反让人产生误解。给供暖管道和供水管道涂上不同的颜色，这样安装时速度加快，维修时也方便，保证居民生活方便。

根据 D，可设计一些很醒目的标记，都是些以身体语言为主的示意图，贴在一些供暖设备上，可提醒小孩和老人注意安全。

练习5

请从图3-16中挑选一个作为刺激物，产生联想，解决幼儿园活动
室的空间分割与布置。

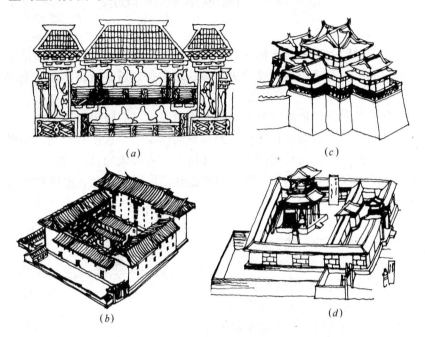

(a)   (c)

(b)   (d)

图3-16 刺激产生联想的图片

第四章　模拟法和类比法

许多发明创造来自于捕捉与解决问题类似的情境，然后将该情境中有用的原理直接类推到要解决的问题之中，这就是直接类比，也叫模拟。

电话发明者贝尔回忆电话发明过程时说："它吸引我注意到，与控制耳骨的灵敏的薄膜相比，人的耳骨的确很大，这使我想到，如果一种薄膜也是这样灵敏就能够摇动几倍于它的很大的骨状物，这就是较厚而又粗糙的膜片不能使我的钢片振动的原因。由此，电话被构思出来了。"（图4-1）

模拟是一种直接类比，有时把原来极不相关的一些事物联在一起，运用其中的一点进行模仿。所以，模拟不是简单的模仿，需要一种洞察力，打破原来的旧框框，使我们能以一种全新的角度去看待旧事物；其次，它带来了解决问题的思路，我们可以借用被模拟的事物特点去解决眼前的事物。模拟过程中的前半段是相似联想，后半段是类推，两者结合，构成了模拟法。

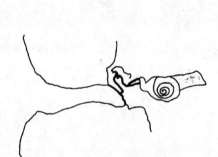

图4-1　贝尔当年画的电话草图

运用模拟法，主要通过描述与创造发明对象相类似的事物、现象，去形成富有启发的创造性设想。模拟，首先要对事物之间进行比较，人类从动植物获得灵感的模拟，又叫仿生法。雷达、飞机、电子警犬、潜水艇等科技产品都是模仿生物体的形态、结构和功能发明的，所以又叫形态模拟法、结构模拟法和功能模拟法。

第一节　形态模拟、结构模拟和功能模拟

一、形态模拟

1. 原理

（1）形态相似

形态相似是指不同事物在形态上的相似，使人产生相似联想。形态包括形状、颜色、肌理（质感）三个方面，形态相似是形态模拟的基础。

（2）形态模拟

形态模拟法是通过对事物外在形态的模拟，在建筑造型设计中启发灵感和开拓思路的方法。形态模拟仅仅是对事物的外在形态进行模仿，而不考虑其内部组成成分和构成方式，因而形态模拟具有直观性和形象化的特点。形态模拟的基础是模拟的事物与被模拟的事物在形态上的相似。

自然界中的形概括起来可以分为有机形和几何形。几何形具有一定的数理规则，容易分类、整理与确定。像正方形、长方形、三角形、圆形、椭圆形、球体、锥体等等，这些图形都可以用固定的数学公式反映出来，而且可以通过作图画出来，是一种非常理性的形；自然界中大量存在的还是有机形。有机形则不具有数理规则性，图形不易界定。像自然界中的河流的曲线、花瓣的形状、山脉的轮廓线、种子的形状等等。在以往的建筑、家具、机械、工业造型等设计中，几何形用的较多，随着人们对复杂形态的认识和计算机辅助绘图的出现，有机形在设计中的应用越来越广泛。早在 1928 年，美国杰出的工程师和建筑家布克敏斯特·富勒在他的移动式住宅汽车（the Dymaxion house）的设计中就采用了流线型，这种移动式住宅汽车，车身采用金属外壳，好像一滴水样的流线型，在世界的产品设计史上开了先河。不难看出，正是由于有机形的这种不确定性和不可预见性，才产生趣味性和美的感受。所以，在建筑设计中有机形的运用也是不可忽视的。

2. 形态模拟在建筑中的应用

形态模拟在建筑设计中应用的例子很多，人类早期的一些建筑活动，都是基于对自然形态的模仿。最早的人类居所——巢居，就是模仿自然界中鸟巢的形态创造出来的。古希腊的柱式是对人体比例的高度概括和模拟。古罗马建筑家维特鲁威在他的《建筑十书》中，记载了古希腊柱式（图 4-2）的由来。通过测量一个男子的脚印，把它同他的身高做比较，希腊人发现他的身高是脚印长度的六倍。于是，就把柱子的高度同底部直径之比定为六比一。这就是多立克柱式，它具有男子躯体的比例、力量和健美。同样，他们依据女人的身高和脚印的比例，把爱奥尼柱式的比例定为八比一，并且增加了柱础，作为鞋子，在柱头两侧做了一对涡卷，表现盘在鬓边的发辫，前面还有一搭刘海。柱身上刻着垂直的凹槽则是妇女长袍上的褶子。这种秀丽的爱奥尼柱式概括了女人的柔美。

象征主义的建筑设计手法，往往采用形态模仿法，使建筑具有某

巢居

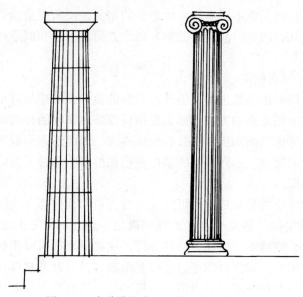

图 4-2　古希腊柱式——多立克、爱奥尼

种象征意义。巴西现代建筑家奥斯卡·尼迈耶设计的巴西利亚的"国民议会"大厦（彩图 4-1），立法和司法两院的建筑分别是两个正反相对的半圆形，恰似正置和倒置的两只碗，暗示了这两个部门的不同职能。行政部分则采用了一个大"H"字母形式，是来自外文的"人文"两个字母。印度巴赫伊礼拜堂（图 4-3）采用白色的壳体结构，模仿开放的莲花造型，以象征宗教如莲化般的纯洁性。山东威海刘公岛甲午海战纪念馆（彩图 4-2），其大门有似一艘倾覆的船体，展馆各体块犹如相互撞击的战舰，搏击于惊涛骇浪之中，其象征意义十分明显。

在 20 世纪 50 年代，美国建筑家埃罗·沙里宁，尝试了使用有机形式来设计新的大型建筑。其中 1956～1962 年设计和建造的纽约肯尼

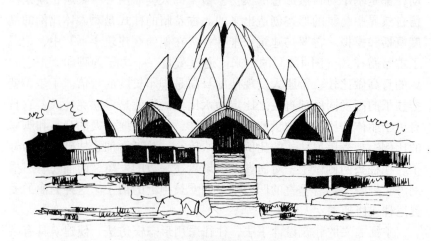

图 4-3　印度巴赫伊礼拜堂

迪机场的美国环球航空公司候机大楼，大胆地使用了完全有机形态，建筑的中央部分是总入口和中央大厅，形式是模仿一只展翼腾飞的鸟的形状，在上扬的翼的下面，又伸展出两个弯曲的向两边延伸的翼，是候机大楼的两个购票候机厅，而在这个大"鸟"的后面，又伸出两个弯曲的走廊，形成登机的卫星终端，无论是建筑的外部还是内部，基本没有几何形态，完全以有机形作为设计构思。此外，沙里宁还做过一些有机形式的家具设计，如他设计的"马铃薯片椅子"是20世纪40年代最杰出的椅子之一，他还设计了"子宫椅子"、"郁金香椅子"。

对于有机形态的尝试，还有当代英国建筑师格雷姆肖，他在2001年设计的伊甸园全球植物展览馆（彩图4-3），其平面形状也是采用了一系列有机形态，看似如同大小不一的珍珠或气泡串连堆积在一起，完全没有机械的几何形态，而且具有极强生命感。这些气泡实际上是由经过精心设计的园林景观中相互连接，气候可调的多个透明穹隆组成。

除了对事物的形状，还可以对事物的颜色、肌理（质感）等进行模拟，达到创新的效果。如日本建筑师安藤忠雄设计的京都府立陶板名画庭园（彩图4-4），是京都市为保存和发展陶板名画而建，人们可以在自然的怀抱中来欣赏园中展出的世界名画，可谓开放的室外美术馆。该建筑主要是通过模仿自然界中的水流创造出环境气氛。通过水平如镜的水面和垂直的水幕在清水混凝土表面产生出绝妙的流动的质感，如同湖面和瀑布。使人身处其中，感到人工与自然、展品与建筑完全融合成为一个整体。

形态模拟是造型艺术的灵感源泉，建筑设计也不例外。但由于建筑涉及的内容不止于形态，还包括结构构造、使用功能、地理环境、采光通风、保温隔热等等，它是一个复杂的技术系统，因此，建筑创作中的形态模拟，不可能像绘画、雕刻、平面设计等美术作品那样灵活，要使形态与功能、技术、环境相得益彰。如建筑师伦佐·皮亚诺设计的新帕德里·皮奥大讲堂（彩图4-5），讲堂的平面形状酷似一扇贝壳，沿着贝壳形的曲线做成17个呈放射状排列的拱相互之间夹角为10°，外形与结构完美统一，别具一格。

练习1

模拟的第一步是比较，有创意的模拟都是把原来看起来并没有什么关系的事物联系起来，发现其中可模拟的方面，为了训练你的洞察力，请做下面的练习：

①哪个更漂亮？

你的鼻子　　　你的耳朵

什么使你那样想？

②哪个更有魅力？

服装模特走路的姿态　　　上海豫园的九曲桥

为什么这么想？

③哪个更挺拔？

城市高楼　　　竹笋

为什么这么想？

④哪个更轻盈？

蜻蜓　　　竹楼

为什么这么想？

⑤哪个更粗糙？

裸露的混凝土建筑　　　河马的皮肤

为什么这么想？

练习2　动物与起居空间设计

列举出具有容纳功能的动植物，如：树叶（能够容纳露珠）、贝壳、蜘蛛网、袋鼠……。设计一个只能容纳一个人的起居空间。

练习3　可生长的售货亭

请列举出可不断生长扩大的事物，如，白蚂蚁巢、蘑菇、海草、珊瑚……。请挑选其中一件有生命的东西作为原型，设计一个"可生长"的售货亭。

二、结构模拟法

事物的结构是丰富多采，千变万化的，但是各种事物间的结构又有着奇妙的相似性和规律性。看似完全不同的事物之间，有时却有着相似的结构和排列组成方式。例如天体的旋转同水中的波纹、太阳的圆形同葵花的形态、大气的涌动同流动的集市。

建筑上的结构即组成建筑的各要素间相互排列组合的方式，除此之外还有另一层涵义，即指与力学原理有关的结构工程技术。这两种情形最终都会影响建筑的形态。

1. 原理

（1）结构相似

结构相似是指不同事物的组成部分搭配和排列上的相象。如：蚂蚁王国的社会结构与人类社会结构的构成的相似，都是金字塔式的，都有分工。又如：花生和豌豆的荚果在结构上相似，都是由两瓣壳和夹在中间的种子组成；伞和蘑菇在结构上也具有相似性，都有一根柱（杆）支撑一个圆锥形的壳。

（2）结构模拟

结构模拟是发现相距甚远的事物之间的问题结构同型，然后通过联想和类比进行结构移植、结构仿生，以达到开辟新的解题思路为目的的方法。例如前面提到过的电话机与人耳的结构相似。模仿人眼睛

结构模拟

的构造设计的照相机，在主要结构上与人眼相似。很多建筑师把蜂巢的格状结构运用到建筑设计中去，形成网格设计法。形态模拟是对事物外部特征的模仿，结构模拟则深入到事物的内部结构。一般来说，结构模拟的结果会产生相似的功能，也有的结构模拟自然伴随着形态上的相似。

2. 结构模拟的手法

（1）结构移植

结构移植就是将某种事物的结构方式应用到另一事物上的创新方法。事物的结构千差万别，但是对大量五花八门的事物进行结构分析与对比，就会发现许多事物之间有的结构原理相似、有的结构形态相似、有的结构方式相同等等。奥斯卡·尼迈耶设计的巴西新首都巴西利亚的规划（图 4-4），整个城市的结构形态是一个喷气式飞机的形状，"机头"部分是"三权广场"，包括了政府三个权力部门的办公大楼；"机翼"各长约 6km，10 层楼高的政府部门建筑一列延伸出去，直到"翼尾"；"机身"长度为 8km，包括了城市的休闲设施、动物园、植物园等等；"机尾"为火车站。又如：广州生物岛的规划设计（彩图 4-6），就是把太阳系的环状放射式结构形态，移植到生物岛的中心广场——太阳广场，九大行星及其运行轨道，还有象征银河的一条绿色步道贯穿整个岛屿，步道的灵感则来自人类生命的遗传基因 DNA 的双螺旋结构的形态，点出生物岛的主题。

（2）结构仿生

结构仿生是从生物的结构上进行对应联想，从而得到启发，应用到结构设计当中的方法。建筑结构如同许多生物的构造，树木就是一

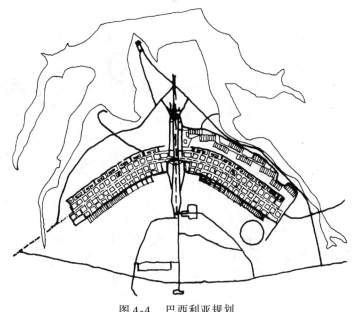

图 4-4　巴西利亚规划

个很好的例子（图 4-5），树木的根茎、枝干、树冠是一个完整的受力系统，树冠承受的雨、雪、自身荷载和侧向风力通过树干传递给地下的树根，树干必须有足够粗的横断面，树根必须向下和四周延伸到足以支撑树冠所承受的各种力，树木才能稳定和生长。在建筑的结构设计中，柱子或基础常常采用扩大柱脚和基础的方法，其原理与人在雪地上行走，为了防止下陷要穿底部很大的雪鞋一样（图 4-6）。竹

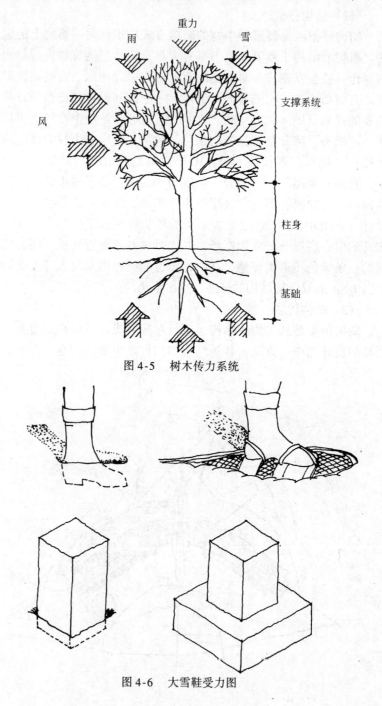

图 4-5　树木传力系统

图 4-6　大雪鞋受力图

子的形状使它成为很好的柱材（图4-
7）。圆形中空的截面形状使竹子具有较
大的惯性矩，而竹子内部的横向薄膜又
使竹子免于挫曲。人们在使用竹子这种
天然材料的过程中，逐渐发现并掌握了
这种天然结构的力学优点，并有意识地
把这种天然结构运用到设计中，出现了
圆形中空的柱截面形式。

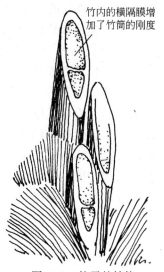

竹内的横隔膜增
加了竹筒的刚度

图4-7　竹子的结构

练习4　设计游戏

设计一个能够联结和分开的空间，
要求能按需要把两个结合在一起，又能
分开。它必须是你自己的设想，它以前
从未存在过。

1)构思过程的第一阶段：什么植物或动物为了不让某些东西分
开，而把它们联系在一起？

2)构思过程的第二阶段：你选的那个植物或动物是如何联系的，
它又怎样松开的？你必须做点什么才能使它松开呢？描写一下那个植
物或动物的联结部位的结构特点。

3)构思过程的第三阶段：好的创意最初的想法通常都有点不切实
际，甚至有点疯，后来才成为可行的和有用的。所以不必介意你的第
一个想法可能好像很愚蠢。如果你利用那植物或动物的"联结"部位
的要素和方法，你会有什么想法？

如果你改变一下，使它的各方面更完善、合理，你将有何种构
思？

4)构思过程的第四阶段：将第三阶段的那个有点疯的想法变成切
实可行。对你的想法，必须做些什么才能制订出一个真正合理的设
想？尽可能简单些。

5)构思过程的第五个阶段：画个图，把你的构思结果画下来。

练习5　树状结构旅馆

模拟树的结构设计一个树状结构的旅馆。

练习6　照相机剧场

模拟照相机的结构设计一个小剧场。

三、功能模拟

功能模拟方法是以模型之间的功能相似为基础，通过从功能到功
能的方式，模拟原型功能。它不受原型外观形态的制约；不受原型内
部结构的制约；不受原型材质的制约，只对功能进行模拟。所谓功

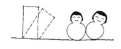

功能模拟

能，就是指事物的功效和作用。

功能模拟和结构模拟，都是通过模型来模拟原型功能的，但是由于它们所依据的客观基础不同，因而它们再现原型功能的方式也不同。结构模拟以模型和原型之间的结构相似为基础，它是在弄清原型的内部结构的条件下，通过模型模拟原型内部结构的方式，来再现原型功能的。而像人脑这样复杂的功能系统，其内部结构难于弄清，难于复制，显然难于用结构模拟的方法来再现人脑的功能。运用功能模拟的方法，则可以在未弄清人脑内部结构的条件下，用模型来模拟人脑的某些功能。这就说明了功能模拟有它自己的优越性。目前常用的电子计算机，就是通过功能模拟，代替了人脑的一部分思维功能——判断、选择和计算的功能，因而被称做"电脑"。

1. 原理

（1）功能相似

功能相似是指不同的事物在发挥作用和效能方面的相象。

（2）功能模拟

功能模拟是指在未弄清或不必弄清原型内部结构的条件下，仅仅以功能相似为基础，来模拟原型的功能的一种模拟方法。

（3）功能模拟的操作程序

第一步：功能定义，用比较抽象的概念把原型的功能问题表达出来，体现出需要的本质问题。当我们要解决给定设计任务中的某一功能问题时，首先要准确定义出问题的实质，然后才能着手解决。例如：假定我们要设计一个能抗震的房屋，"抗震"就是我们要解决的最根本问题。

第二步：寻找具有相似功能的可替代物。例如：要设计能抗震的房屋，就要寻找在震动下具有不变形功能的事物，如皮球、不倒翁等。

第三步：对原型的功能进行模拟。对"不倒翁"不倒的功能进行模拟，构想到新型的抗震小屋，在经受剧烈震动后，具有不倒的功能。

第四步：通过一定的技术手段拓展新模型，使新模型具有与原型相同的功能，设计一种在地震后不倒的房屋。

2. 功能模拟在建筑设计中的运用

建筑设计中功能模拟的运用也比较广泛，建筑本身是一个开放的系统，借鉴其他事物的功能特点来丰富和发展系统，在建筑设计中可以得到创造性的设计思路。如：现代建筑大师柯布西耶提出的"住宅是居住的机器"，就是受到当时工业化大生产的启发。批量生产标准化的零部件，然后组装成机器，这是机器生产的特性，在住宅建筑设计中也可以实现标准化设计，工厂预制建筑构配件，现场组装，不仅可以缩短工期，降低造价而且可以提供灵活的使用空间。这对于现代住宅是一次革命性的进步。又如：日本仙台运动馆（彩图 4-7）的穹顶设计，就是模仿生物的呼吸功能，采用透光性良好的膜材覆盖，呈开闭式，可以随时通风换气，朝南的开闭角度达 145°，被设计者称为"有呼吸功能的穹顶"。异曲同工的还有意大利建筑师伦佐·皮亚诺设计的梅尼收藏博物馆（Menil Collection）（彩图 4-8），博物馆的顶部重复使用了被称做"叶片"的统一规格的构件，由薄型的钢筋混凝土和钢格构大梁组成。轻型叶片能有效地起到支撑屋顶、通风和控制光线的作用。这种屋顶就是模仿自然界中树叶形成的树冠所具有的透气、遮阳、覆盖作用，但树与博物馆的结构、材料、形态完全不同。

练习 7

先做如下的练习，要努力使自己思维活跃起来，情绪也变得兴奋。

A. 什么机械，动作像一条发怒的蛇？

B. 什么动物的行为像送货车？

C. 你认为什么动物像蒸汽挖土机？

D. 你认为什么生物曾给发明瓦的人以启发？

E. 早期的人跟什么动物学会了愤怒？

F. 在自然界中，我们应该跟什么东西学习忍耐？

练习 8　一个设计师的工作单元的设计

在这一练习中，我们将利用功能模拟方法，通过功能的还原和模拟，拓展一个新模型。

第一步：功能定义。

选定一个传统的工作单元，对其基本功能进行分析（如：坐、思考、读写），功能定义为可以坐、思考、读写的地方。

第二步：寻找具有此功能的可替代物。

第三步：对原型的功能进行模拟。

第四步：设计一个新模式的工作单元，具有坐、思考、读写功能。

第二节　类　比　法

著名建筑师阿尔瓦·阿尔托在构思赛于奈察洛市镇中心时，盒子、毛毛虫和蝴蝶都来到了他的脑海中，建筑空间与这些昆虫的界线是模糊的，昆虫的形态、动作就是建筑空间的形态(图 4-8)。

阿尔托所使用的思维方法就是一种类比法。

最常见的类比就是比喻，如把小孩的脸比做苹果。更高级的类

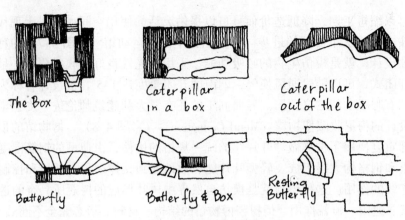

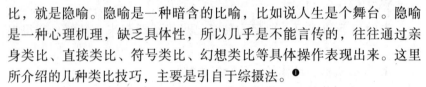

图 4-8　阿尔托的笔记

"脸比苹果红"

数学关系的相似性

非逻辑的跳跃

比，就是隐喻。隐喻是一种暗含的比喻，比如说人生是个舞台。隐喻是一种心理机理，缺乏具体性，所以几乎是不能言传的，往往通过亲身类比、直接类比、符号类比、幻想类比等具体操作表现出来。这里所介绍的几种类比技巧，主要是引自于综摄法。❶

直接类比，又叫模拟法，已在上一节中集中介绍，符号（象征）类比将在第六章中介绍，本节主要介绍亲身类比和幻想类比。

一、类比和隐喻

类比（Analogy）这个词最开始是数学家表示比例关系方面的相似性，后来又扩展到作用关系方面的相似。经典类比的思维过程分为两个阶段。第一阶段，把两个事物进行比较；第二阶段，在比较的基础上推理，即把其中某个对象有关的知识或结论推移到另一对象中去。

1. 隐喻的创造机制

隐喻是通过寻找暗含的相似性，以获得启发性的思维形式。

隐喻的特点是在相距很远的事物中，或很不相同的事物中推出一点相同，是异中求同；隐喻类比通常借助联想、想像、灵感，产生非逻辑的跳跃。

例如，你发现了吗？芝加哥西尔斯大厦的结构与树木细胞蜂窝状的结构多么相似（图4-9）。

运用隐喻的时候，人们的情感也会发生变化，对事物的认识就会处于一种模糊、童真的状态，会自然地打破那种沉溺于分析或仅仅注意技术细节的靠常规方式解决问题的做法。这时长期储存在头脑深处

---

❶综摄法是英文 Syncctics 的译名，国内还有提喻法、类比法、集思法、分合法等译法。综摄法是美国创造学家威廉·戈登在长期的研究和实验基础上提出的一种新颖独特、比较完善的创造发明方法。综摄法是发明创造小组活动方式和方法，本书只讲综摄法的类比技巧，不介绍组织小组活动的程序，主要是着眼于个人使用，故叫类比法。这里介绍的内容多引自于威廉·戈登的两本书：《综摄法——创造才能的开发》，林康义等人译，北京现代管理学院，1986(内部资料) and Gordon, W. J. J., Familiar & Strange, Harper and Row, 1972。

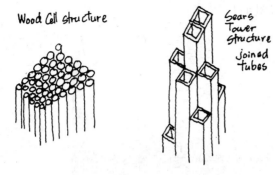

图4-9 树木细胞和希尔斯大厦

的各种知识、各种信息，包括生物学知识、生活体验、耳闻目睹的事物、神话幻想、都会涌现出来，无需考虑任何想法在技术原理上是否正确，是否符合物理、化学等自然科学已经揭示的规律，暂时摆脱头脑中占主导地位的技术知识和经验，使头脑处于无拘无束自由联想的情况，于是大胆的设想浮出水面，惊世骇俗的想法脱颖而出。

2. 学会使用隐喻

提高自己捕捉类比关系和隐喻能力可从两方面入手。

第一，先记住一种物体的形象，再仔细观察其他的物体，从中发现两者之间的相同之处，要大量的实践，经常使用，才会运用自如。

第二，随机地选取两个物体，从某一方面进行比较，刚开始，会觉得不可思议，甚至荒唐，做久了，渐渐就会发现自己的隐喻能力大有长进。

运用隐喻的关键是要求思维容忍不相关的事物，模糊事物的界线，要持一种游戏心。否则，一切类比都无法进行，这是隐喻机制能发挥作用的重要心理条件。

伊科姆·马科韦茨是匈牙利有机建筑运动的核心人物。马科韦茨所塑造的建筑形象，总让人联想到他所说"建筑生命"（Building Being）的存在。屋顶暗示着头、头盔或头盖骨，而窗或门洞则像眼睛和嘴一样的开合。

他的思想来源于深厚的匈牙利文化底蕴和其他文化的影响。匈牙利语言在传统上把乡村建筑各个部分元素称之为人体相应的部位，像脚、膝、腿、脊骨、肋骨、前额、脸、眼睛等。这些生命的隐喻给予马科韦茨创作的灵感。马科韦茨认为建筑是需要一种移情作用的。

1974年，马科韦茨设计的夏罗斯巴达克文化中心（Cultural Centre of Sarospatak），由前院望去，为一形状奇异的，由两棵圆柱支撑的大屋顶，突起的眉檐下覆罩着一对大眼睛。它的平面基本呈对称布局，两翼前伸、环抱前院，如同一条安详的卧龙。平面恰好由"头部"、"肩部"、"臂部"所组成，这里"头部"是大演播厅，"肩部"则是门厅及两侧过厅，"两臂"包括有楼梯间、图书室、餐厅、会议厅和服务间等（图4-10）。

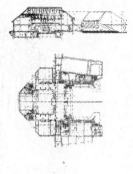

图4-10　夏市文化中心

　　夏市文化中心的平面与马科韦茨的其他建筑一样，粗略看具有明显的对称性，细看就会发现一种类似人体的、差别细微的非对称性存在。建筑的外观犹如生命有机体的皮肤，内部则是支撑这些肌肤的骨骼。正如人类的心脏是置于非中心的，因此，建筑内部空间也可能是非对称的。马科韦茨的目的在于创造一种他所称的"建筑生命"，通常能想到的经验是建筑结构与人体运动之间的关系，而且力求在表达方式上能有更深入的探究。❶

练习1　发现隐喻

　　请试着回答下面的问题，开始，你可以有一个答案，然后试着选择另一个答案，并在两个答案之间进行比较，逐渐产生新的感受，创造新的比喻。

①哪个更强大？

野草　　石头墙

为什么？

②哪个更重？

石砌建筑　　沉重的心情

解释你的选择。

③哪个生长得更快？

高层建筑　　自信心

为什么你选择的生长得更快？

④什么建筑代表幸福？

住宅　　剧院

为什么说那个建筑代表幸福？

❶许懋彦，"伊科姆·马科韦茨与他的有机建筑"，《世界建筑》1999.11，P33～34。

⑤哪个更非同一般？

光影　　风铃声

解释为什么你那样想。

⑥哪个更漂亮？

门　　　窗

什么使你那样想？

⑦哪个更嘈杂？

蚯蚓在土中挖掘　　城市

为什么？

⑧你更确信哪个？

地下的洞穴　　克服引力的建筑

为什么？

⑨谁会遇到更大的麻烦？

乐观主义者　　悲观主义者

为什么？

⑩谁将生活得更好？

城里的老人　　乡下的小孩

解释你的选择。

二、亲身类比

1. 亲身类比的原理

亲身类比，即把自身与问题的要素等同起来，从而帮助我们得出更富创意的设想。这个过程中，人们将自己的感情投射到对象上，把自己变成对象，体验一下作为它，你会如何，有什么感觉。这是一种新的心理体验，使个人不再按照早先分析要素的方法来考虑问题。

移情

最简单的做法是问"假如我是它……"，这是一种移情，又叫拟人化，即把面对的事物（或问题因素）人格化，如使无生命的东西有了生命，有了人的形象，有了智能，有了语言，会说话，有了情感。

在设计中，采取有意识的自我欺骗的方式，通过拟人化、移情，把自身的性格、情感、感觉与课题对象（或问题因素）等同起来，这样看问题的角度一变，感受也就不一样。从中获取关于对象（或问题因素）的全新的感受和深刻见解，能帮助我们最终产生创造性设想。例如要设计一个门，就赋予这个门"想要具有"的能力并且把自己想像成一个门，"我要经常开关，我会感觉怎样？"，以达到与他物同一的角度来考虑和分析问题，自然会得到一个全新的角度，熟悉的门在你面前也变成陌生的了。

拟人的手法在中国古代哲人中运用得较多，孔子的"智者乐水，仁者乐山；智者动，仁者静"，用自然山水比拟人的性格，如石峰之坚固、正直，劲松之长绿不谢，寒梅之傲立风雪等等，是主观情感的外移。后来文人士大夫对石、竹、梅、松、莲、兰等都特别喜好，常在宅院中布置以比拟人的品性，也促使了文人园林的形成。

当我们向远处喊话时，会把两手放在嘴边，形成喇叭状，起聚拢和放大声音的效果。柯布西耶在设计朗香教堂时，把教堂比作一个人在说话，为了使牧师的声音传得更远、更清晰，教堂的平面就设计成一个喇叭形，又叫杯形（图4-11）。

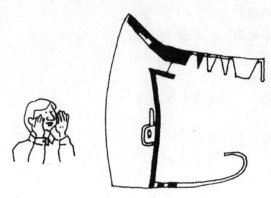

图4-11 朗香教堂与喊话的人

亲身类比不仅把两个原本不同的事物等同起来，还赋予情感的投射，所以，这种比较可以引起特殊意义的智力启发和感情上的激动。因为在"感觉"上认为它们相似时，需要暂时忘记它们之间不相似的地方。这在常规情境中是不可逾越的认知障碍，你冲突了，竟然把它们看成是同类的，便会紧张，情绪激动。

运用亲身类比的操作步骤：

第一步，把自己比作要解决的问题（移情），或让无生命的对象变成有生命、有意识（拟人化）。

第二步，变换角度后，你就是它，它就是你，产生新的感受和看法。

第三步，根据上述感受提出新的解决办法。

第四步，恢复到原来的状态，评价设想的可行性。

例如，某罐头厂想要设计一种榨果汁的机器。工厂的技术人员在提设想时，运用亲身类比法，把自己设想成桔子瓣中的一个小液泡，然后问自己："我怎样才能从包围我的胞壁中跑出去呢？"从而得到一些有趣的想法。

甲说：想一想，气球里的空气是怎么样跑出去的？使劲一挤压，把气球压破了，空气就跑出来了。那么，谁来挤压我呢？可以找一个大重砣压在我身上，啊！好重呀，我都有点喘不上气了。换种方法怎么样？

乙说：把包围我的胞壁冻一下，它变脆了，一碰就破，我就跑出来了。不过这样容易把我也冻坏。

丙说：用绳子拴个石头，抓在手里，在头上转几圈，一松手，小石头就飞了。如果也给我这样的离心力，就像从背后推了我一把，帮我冲破胞壁的包围，跑出去。

罐头厂采用了丙的设想，设计了离心式榨果汁机。

练习2　体验挫折

按照下面的描述去做，完成练习。

你需要一把塑料匙和一盒火柴。点燃一根火柴烧这个匙，直到有轻微的弯曲及形状改变。让匙冷却变硬。现在点燃另一根火柴，再烧这匙。但这次，你要试着把它变回原来的形状。

现在，想像你就是一个塑料小勺。你有许多朋友，一些另外的塑料小勺。在你被制造的那个工厂里，你结识了它们。突然有一天，你从你的朋友那儿被拿走，有人已经点燃了一根火柴，并且把你放在了火焰上。你努力收缩、弯曲，试图从火上躲开。火伤害了你10秒钟，就被拿开了。你的身体冷却下来。正当你开始去放松放松，你发现你无法伸直你的脊背。

当你认识到你已经被弯曲了那么多，以至于无法再伸直，你的感觉如何？

高热使你弯曲和瘫痪。他们把你扔回到其他的塑料小勺之中。你看上去不同了，因为你跟它们的形状不同了。现在你怎样与你的朋友相处呢？

尽管你已经弯曲变形，但至少你变得个性化了。在你被烫之前，你同其他的塑料小勺几乎一样。现在你不同了。你愿意同所有其他塑料小勺一样，还是愿意看上去完全不同？

有人把你从你的朋友那儿拿走。你是硬的，弯曲变形的。无论你怎样努力都无法伸直。另一根火柴已经点燃，你的身体再一次被烧烫。你无法拉回你的身体，使其看上去像从未被烧过一样。这个失败对你有什么影响？

那么你明白了如何成为它，最重要的是感觉和行为。现在你自己试着去成为它。按你的办法去感觉去行动，成为一只小勺。没有两个相同的小勺。你这个小勺要有你自己的个性。

你知道海伦·凯特的故事吗？比一比，她和小勺是一样的吗？经历了这样的心理历程之后，想一想自己在成长过程中受到打击后曾有什么表现，那么，该怎样正确地对待挫折呢？

练习3　以快乐为主题设计一个书亭

我们一般认为快乐不成为问题。我们有时快乐，有时不快乐。通过下面的练习你将从一个新的更深入的角度去想想什么是快乐，你应该以完全新的方式去看待快乐。最后，还要把对快乐的新理解运用到书亭的设计中。

哪个书亭给你的快乐最大？

想像你是那个书亭。成为它！你将怎样给别人快乐？

你正在给别人快乐时你有怎样的感受？

形容书亭在如何动作？它诚恳、勤劳、幽默？它疲倦？放松？还是紧张？

想像你尽了最大的努力去给别人快乐，但没有任何人给你快乐作为回报。形容你的感觉。为什么你那样感觉？

在下面的横线上各写下一个词，结合你的经历：

你给出快乐　　　　　　　　　没人给你快乐

_____　　　_____

_____　　　_____

快乐书店

从上面的栏中各择一词，放在一起造句，因为词是对立的，句子也就有冲突。把你最喜欢的句子圈起来。

由此产生表达主题的一个核心的理念，主题还是快乐。把你刚刚得到的感想都揉和进去，设计一个快乐的书亭。

三、幻想类比

幻想类比就是将幻想中的事物与要解决的问题进行类比，由此产生新的思考问题的角度。例如，要设计能自动驾驶的汽车，人们想到神话中用咒语起动地毯的故事，由此启发人们运用声电变换装置实现汽车的自动驾驶。幻想类比就是将幻想中的事物与要解决的问题进行类比，由此产生新的思考问题的角度。

幻想类比在建筑设计中应用往往会得到奇异的效果，如赖特在设计一个犹太人小教堂时，仔细研究了犹太教的信条、历史和象征。他说："我想创造一种建筑，当人们走进去时，好像是在上帝的爱上安息"。最后他构思出一个崭新的造型，平面为多角棱形，外观是一个由白色玻璃组成的银色的金字塔造型。再如，日本东京武术馆就是按照"云海山人"命题构思的。

1. 幻想类比的创造机制

借用幻想、神话和传说中的大胆想像，来启发思维，在许多时候是相当有效的。

在这里，首先要强调的幻想类比只是运用幻想激发想像力。幻想就像帮助我们过河的垫脚石，只是一个工具，幻想并不是我们马上要实现的目标。

设计师也需要通过幻想类比获得启发。例如你小时候看过《一千零一夜》，是否憧憬着拥有一块阿拉伯飞毯？现在你所看到的这块毯子虽然不能真的带你飞腾起来，但你却可以随心所欲地使用它。具有高度功能性和互动性的地毯为喜欢席地而坐的人们提供了选择的乐趣。它的背面有三个互相独立的气囊，使用附带的充气装置，你可以通过调整气囊中的空气容量来改变它的外观，当然一切都是为了使你感到舒适（彩图 4-9）。有了这种自选的随意性，最挑剔的人也会为之称道。看到这款设计，难道你能说设计师的灵感与神话故事没有关系吗？

2. 运用幻想类比解决问题

尝试解决好像不可能实现的理想状态，也需要幻想类比。建筑师幻想当屋主离开屋子时，住宅屋面会自动关闭，在周末屋主来临时，又会张开，怎样解决这个问题呢？

郁金香因阳光作用会自动地绽开和闭合，自动化的车库大门也能做到自动开启。牵线木偶也能在人的控制下，做各种动作。

最后，建筑师从牵线木偶那儿得到灵感，使用绳索和滑轮来升降百叶板。升降体系做成重量均等，因此在平台上的人体重量就可以掀起屋面，屋面降低时，平台升到原位。平台的开、闭应用弹簧闩固定（图 4-12）。

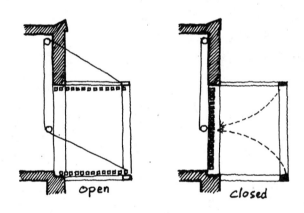

图 4-12 自动闭合的屋面

练习 4 思维游戏

回答下列问题，不要认为它们荒唐，有时新的设想也许就产生在这样的思维游戏中。

①如果沙漠中的沙子是钻石，沙漠中的绿洲会是什么？描述一下擦窗器会用什么做的？

②如果人是汽车，遗传将控制哪些东西？

③如果房子是云，闪电会是什么？

④如果电来自老鼠，你会怎样使用这种能源？

⑤机械蜜蜂会在什么样式的窝里生活？

练习 5　沙漠驼铃

仔细阅读著名建筑师林徽因 1936 年作的一首诗，以这首诗的意境为主题，运用幻想类比法，提出一个有关宾馆的设计方案。

冥思

心此刻同沙漠一样平，
思想像孤独的一个阿拉伯人；
仰脸孤独地向天际望
落日远边奇异的霞光，
安静的，又侧个耳朵听
远处一串骆驼的归铃。

在这白色的周遭中，
一切像凝冻的雕形不动；
白袍，腰刀，长长的头巾，
浪似的云天，沙漠上风！
偶有一点子振荡闪过天线，
残霞边一颗星子出现。

第五章　创造性转化方法的训练

创造性转化方法是主体思维的能动创造过程，创造性转化的关键是思维的灵活性。这种思维的灵活性通常是设计工作中所必需的，同时对于设计这种探索性和创造性极强的工作来说，思维的灵活性就仿佛是头脑中的引擎一样，让你的思路开阔而富于变换，最终形成一个独特的设计方案。在这一章中，我们将学习创造性转化方法中的分解和组合以及省略和替代。

第一节　分解和组合

分解与组合是两种互为逆向的创造性方法，分解是通过对某一事物（原理、结构、功能、用途等）进行分解以求创新的方法；组合则是由两个或两个以上的技术因素组合在一起而形成的创新方法。那么，我们在建筑设计中，能不能把这两种方法共同运用于创新设计中去，在头脑中迅速完成从分解到组合的转化呢？实际上，这种创造性思维的转化方法已经在被建筑帅自觉或不自觉地使用着，创造出丰富优美的建筑形象。

分解与组合的过程并非一个简单的过程，分解是该转化方法的关键，从什么角度分有一定技巧。在建筑设计中，分解要有利于组合。组合也非简单的堆砌和罗列，组合偏重于目的性，即要符合设计者的设计意图。另外，在组合时应强调有机的组合，强调组合间的内在协同。

一、自我组合法

1. 基本原理

"自我组合法"的基本原理就是自我复制，"自我"就是为了利于组合而分解出来的母题。在建筑中，对一个基本母题的不断重复就构成了建筑。此法在建筑发展的历程中，是最基本的建筑形式构成方法之一，我们可以从形式的组合、结构和构造的组合、概念组合三方面来了解和掌握该组合方法。

2. 实例分析

（1）建筑设计中应用自我组合法思路的实例

窗户是建筑中最显而易见的形式母题。在古典建筑中，对窗户的重复使用形成了古典建筑的韵律美（图 5-1）。文艺复兴时期的建筑

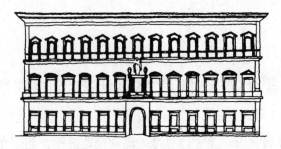

图 5-1　窗

大师帕拉第奥在对维琴察巴西利卡进行改建时，创造了帕拉第奥母题，帕拉第奥母题在巴西利卡上的重复使用创造出文艺复兴时期最优美的建筑形象（图 5-2）。以上两种自我组合是比较简单的，主要体现出传统古典建筑的韵律美。而现代建筑在自我组合中更趋于个性化，组合方式也比较复杂，在组合的同时形成多样化的使用功能。日本建筑师毛纲毅旷为母亲设计的住宅"反住器"就是这样一种组合自我的实例，毛纲在此着意探讨重复的概念，但这个重复不是简单的形体重复，而是采用了盒中之盒的组合方式，将三个大小不等的立方体，像象牙球一样层层重叠在一起，人就生活在这个小盒子和外面的大盒子之间（图 5-3）。多伦多大厦也是三个立方体的自我组合，与"反住器"不同的是，它是由三个边长均为 7.2m 的立方体倾斜建在一根 5.4m 高的钢柱上，立方体没有像我们想像中的那样平稳地一面着地，而是在空中转换角度，把立方体多棱面的体积展示出来（图 5-4）。这种奇特的组合形成的奇特的造型

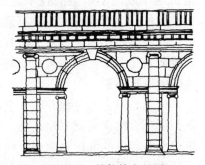

图 5-2　帕拉第奥母题

图 5-3　母亲住宅

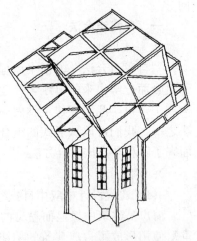

图 5-4　多伦多大厦轴侧图

图 5-5　多伦多大厦平面

也带来了内部空间形态的变异。室内共三层，一层和三层是三角形平面，二层是六边形平面，配合着不同位置的开窗，室内空间效果非常丰富（图 5-5）。

　　在建筑设计中除了形式上的自我组合外，构造做法上也不乏自我组合的实例。东北地区属于寒冷地区，窗户一般做双层，这种做法既费料又不美观，又由于两层之间相隔较远，保温效果也不太理想。单框双玻窗是在一个窗框上安装两片玻璃，玻璃间抽成真空，达到了省材、美观、保温效果好的综合要求，是现在建筑市场上普遍采用的窗户构造形式。公共建筑中剪刀梯是两个楼梯的组合，它是在一个楼梯的休息平台另一侧再复制一个一模一样的楼梯。这种楼梯有很大的自由度，人们可以转弯上（下）楼也可以直线上（下）楼，在公共建筑中是一个疏散人流快，动线景观较好的楼梯形式，常见于商业建筑中。

　　在建筑设计中，通过功能自组，也可以获得创新设计。意大利建筑师卡洛·斯卡帕设计卡诺瓦博物馆扩建工程时，考虑到传统开窗形式只能获得单向光源，开窗墙面始终处于阴面，室内还造成一定程度的眩光。他运用组合方法设计了一个角窗，由两个单独窗户成角组合。角窗使空间获得了多向光源，照亮了所有墙面，并在各个方向起漫射作用，使博物馆获得了良好的室内光环境。

　　（2）规划设计中应用自我组合法思路的实例

　　建筑规划设计中，群体空间的形式也往往依赖于自我组合的方法。中国古代就把四柱定为一间，由间的组合形成建筑，建筑沿轴线的依次组合又形成院落，最后形成群体。在幼儿园或学校建筑设计中，根据需要设计的"班单元"是一个完整的功能组合细胞。用道路、庭院把"班单元"组合起来，就形成了一个具有一定功能性的幼儿园或学校建筑（图 5-6）。印度建筑师 C·柯利亚设计的"甘地纪念馆"是在网络中对建筑单元的重复和组合（图 5-7）。

　　自我组合的实例在建筑中不胜枚举，大家在学习中只要留心观察，就会有很多体会。善于利用这种方法，是初学者掌握设计规律，成功地驾驭形式语言的有力武器。随着你对自组方法的成功使用，你

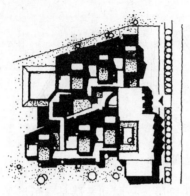

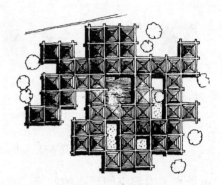

图 5-6　"班单元"　　　　　　　　图 5-7　甘地纪念馆

会发现组合中不仅仅只是对一个母题的重复组合，有时同样是组合方法，涉及的因素却有多个；另外，建筑本身是非常复杂的，涉及面也非常宽广，自我组合很难满足要求，这就要求我们把组合方法进一步扩展和延伸，近缘非自我组合法和远缘组合法就是这样的组合方法。

练习1

（1）在一个已知的立面上配上窗户和门，使其立面形式具有韵律美。

（2）根据多伦多大厦的形式，你能否设计一个独立住宅，其外形是由三个球体聚合而成的。请用平面、剖面和透视进行草图表达。

二、近缘非自我组合法

1. 基本原理

"近缘"是指两个或两个以上容易被想到，相互间不至相距太远有着密切关系的事物；"非自我"是指两个不同事物。该组合法是根据不同需要，将本来有着密切关系的两个或两个以上的事物组合在一起，产生新设计。

2. 实例分析

古罗马的多层建筑在与古希腊柱式建筑相结合时，就采用了近缘非自我组合法。在组合中，组合的统一原则是都采用券柱式，方的开间同圆券相对比，使立面富于变化，但每一层采用不同柱式，朴素粗壮的多立克（或塔司干）柱式在底层，纤细华丽的科林斯壁柱在顶层，使立面更趋稳定。这种立面的柱式组合直接影响到文艺复兴时期的建筑样式，使这一以水平划分为主的建筑样式成为古典建筑的形式语言。

从古罗马的例子我们可以得到一种启示，那就是创新的组合方法并非建立在海阔天空的无际组合，而是根据现有条件，找出与之相似或相近的其他条件来进行组合。在拜占庭建筑中利用方体和圆体的组

合创造出的帆拱结构就是这样一种组合。当时的人们既希望保持古罗马人做穹顶的习惯，又不愿意继续像砌筑万神庙那样圆形的既封闭又厚重（墙厚6m）的墙体。能不能在四个柱子所形成的方形空间上架设穹顶呢？这个想法一旦出现就令拜占庭的工匠们激动不已。因为他们都知道方形空间比圆形空间易于砌筑，柱子又能解放空间。最后，他们发明了帆拱这种结构，来形成方形平面和圆形平面的过渡，成为穹顶与下层结构良好的过渡结构。在现代建筑中，利用近缘非自我组合法也创造出了新的建筑材料和结构，如钢筋混凝土这种当今普遍使用的建筑材料就是组合了钢筋抗拉和混凝土抗压的不同力学特征而形成的既抗拉又抗压的建筑材料，为现代建筑的迅速发展奠定了坚实的基础。

以上这些实例使我们了解了建筑在形式上、结构上都可以运用近缘非自我组合法来进行一些创新设计。那么，能不能把这种方法用于建筑设计的构思当中呢？日本建筑大师安藤忠雄是大家非常喜爱的建筑大师，他设计的建筑物得到了广泛的赞誉。他把西欧的"墙型空间"与日本的"地板型空间"这两种空间概念加以融合，设计的建筑既具有单纯几何形状和稳固的场所性格，又同时保持了日本传统建筑与自然融合的特性和地板型的生活方式。后现代建筑所采用的"拼贴设计方法"（Collage Design），是从历史和传统中选取典型的建筑母题，发展、变化、错位、移接后重新组合。这种设计方法的特点是不被历史和传统的设计原则、构图原理和衔接方式所束缚，使建筑既具有历史的连续性，又具有当代特性，是在新环境新条件下对传统要素的巧妙利用。后现代古典主义建筑大师迈克尔·格雷夫斯设计的波特兰市政厅就是采用这种组合方法设计的，通过对古典建筑母题的提取，可以形成多种立面组合。

练习2

（1）比较坡屋顶和平屋顶的优缺点，创造一种具有两者特点的屋顶形式。

（2）请把赖特的草原住宅进行分解，然后进行多种组合，比较你的方案与原住宅建筑功能和形式的不同。

三、远缘组合法

1. 基本原理

上面两种组合分别是对一个母题的重复和两个相关母题的组合，这两种组合方式的优点是易于找到组合间的逻辑性，组合后的建筑内外部相互协同；但缺点是组合的面窄，不能完全适应复杂多变的建筑设计。远缘组合法恰好弥补了前两种组合法的不足，它是将相隔"千里"之遥的原本不相关的两(多)种东西巧妙地结合在一起，产生新设计。

许多建筑理论的产生就是运用了远缘自我组合法。从艺术领域借鉴来的理论与建筑法则相互结合，产生新的建筑理论，新的建筑理论指导建筑设计，就能创造出新的建筑风格。例如在一二战期间，一些荷兰的青年艺术家把绘画领域中的风格派与建筑原则相结合，创造了建筑中的风格派。该派别利用基本几何形体来组织建筑，立面上强调点、线、面的有机组合，里特维德设计的乌德勒支住宅就是这一风格的典型代表。

2. 实例分析

建筑中的新陈代谢派是把生物生长、变化与衰亡的特点和建筑相结合，力图创造出动态的、能够生长变化与衰亡的建筑机体。这种派别采用最新的高技术来完成建筑的可生长性，具体的方法有"标准化设计"、"单元设计"等。丹下健三设计的山梨县文化会馆的圆形交通塔包括了各种服务性设施，作为建筑的主动脉，从圆塔向外挑出25m 的大托架作为建筑的静脉，而办公室就像抽屉一样架在大托架上。根据设计，抽屉式的室内空间可以随意安排，可增加或减少，成为一个可以生长变化的建筑(图 5-8)。类似的实例还有黑川纪章设计的东京中银舱体楼(图 5-9)，它是由 140 个外壳为正六面体的舱体组成，悬挂在两个内设电梯和管道的钢筋混凝土井筒上，每个舱体是一个最小的独立居住单元，凭感性组合在一起。

图 5-8　山梨县文化会馆

图 5-9　东京中银舱体大楼

　　随着科技的不断发展，学科之间的交叉组合越来越频繁，如心理学和建筑学交叉组合成"建筑环境心理学"，生态学与建筑学交叉组合成"生态建筑学"等。这些组合给建筑的发展带来了巨大的生机和活力，不仅为建筑学带来了新的内容，而且使传统的空间概念和审美习惯都发生了巨大的变化。如："东京规划——螺旋体城市"方案（1961 年）就是仿生学与建筑学结合而成的"仿生建筑"中的一个实例，仿生的作法是按照生物机体的形状或某种功能来进行建筑设计。该规划受到脱氧核糖核酸的螺旋结构启发，利用双重螺旋作为城市中的垂直交通体系，双螺旋上水平方向延伸板作为使用空间(图 5-10)。

117

图 5-10　东京规划——螺旋体城市

练习 3

利用音乐、阳光和鲜花流动的空间、多功能床进行组合，设计一间能够最大限度减轻病人痛苦，增加快乐和信心的病房。

第二节　省略与替代

省略就是尽可能地省去一些材料、部件、结构和功能等，来诱发创造性设想的方法。替代则是通过用其他的材料、结构、部件来代替原有的这些部分，以寻求创新的方法。在建筑设计中，这两种方法，宛如孪生兄弟，相伴出现。省略是替代的前提，不省略无以替代。而替代则是省略的目的，适当的省略，恰当的替代，往往就可以产生崭新的建筑形象，新颖的建筑结构。与此相关的还有一种巧妙的替代——补偿，由此归纳为以下三种方法：缩减法、替代法和补偿法。

一、缩减法

缩减法是省略的一种方法，通过形体上的减去，距离上的缩减，来突破原有的建筑形象，形成新形象的创造性方法。将缩减法运用到建筑设计中的实例也是很多的，如：中国古代建筑中的三重檐屋顶，就是省去了楼阁式建筑的柱础、柱身，而形成的新的屋顶形式，由此而创造了新的建筑形象。而古代建筑结构上的减柱造、无梁楼盖等结构形式也是运用了缩减法简化了原有建筑型制的结构，从而打破了原有的拥挤、封闭的空间形式，而获得了宽敞、明亮的建筑空间。

缩减法在建筑中的应用不仅局限在结构和形式上的缩减，建筑功能的缩减也是缩减法应用的重要的方面。

建筑功能的缩减通常表现在通过将两种或两种以上的功能结合，简化到一种建筑空间中，并使其实现原有的所有功能。比较典型的实例就是赖特设计的古根海姆博物馆(图 5-11)，他将展览空间与交通空间结合在一起，彻底改变了博物馆这种建筑类型的空间划分和人流路线组织。无独有偶，波特曼在他的旅馆建筑中，创造性地将交通空间和休息空间组织结合起来，创造了一个异乎寻常的共享空间，同时不但满足了交通、休息的要求，而且还促进了交往、服务、休闲、娱乐等人们的普遍心理需求。这种共享空间一经建成，马上便带来了旅馆建筑的巨大震动，继而带来了公共建筑的大革命。由此可见，学习和应用这种方法到建筑设计中是很有意义的。

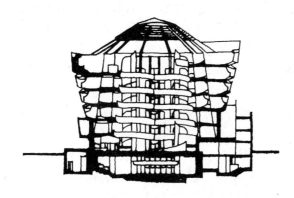

图 5-11　古根海姆博物馆

练习 1

火车站的进出口通道缩短一半的话，会带来什么样的便利？你能想出什么好办法，既能让旅客上车方便，又能让车站便于管理。

二、替代法

替代法是在省略的基础上，进行的部件、材料、结构的替代或动作的易主，是创造性思维的转化方法之一。在建筑科学的发展中，每一次材料的替代，结构的更替都会带来建筑的巨大变革。

为了改善欧洲古典建筑封闭、厚重的情况，满足采光的要求，于1829～1831 年在巴黎旧王宫的奥尔良廊顶部应用了铁构件与玻璃配合建筑的方法，使建筑获得了很好的采光和更加自由的空间，这种建筑构造方法对后来的建筑有很大影响。此后 1851 年建造的伦敦"水晶宫"展览馆，采用了玻璃铁架结构代替了当时遍布欧洲的砖石混凝土结构，折衷主义的沉重柱式与拱廊，与原有封闭、昏暗、厚重的建筑空间形成了鲜明的对比，开辟了建筑形式的新纪元。这两次材料和结构形式的替换彻底改变了欧洲建筑的历史，为建筑的发展开辟了更为广阔的空间，也提供了更多的可能性。

近现代科学技术迅猛发展，新材料、新技术的运用更是使得建筑的形式和风格丰富多彩。钢结构使得大跨度的结构形式成为可能，而膜结构又使大跨度的屋顶形式轻巧而富于变化。即便是传统的玻璃顶，也在原有采光的基础上加入了节能的观念，产生了具有良好抗冲击、保温隔热和防水密封功能的各种玻璃，如：夹层安全玻璃、丙烯酸酯有机玻璃、聚碳酸酯有机玻璃、玻璃钢、反射玻璃、吸热玻璃等等。

替代法的应用领域非常广泛，也非常普遍，只要我们在工作中多关注技术的发展，多尝试新技术的应用，就有可能创造新的建筑形象。

练习 2

试用替代法分析贝聿铭设计的香山饭店和苏州园林(如留园)在哪些方面有关联?贝聿铭是如何设计的?可以从材料、空间、形象、细节、构造以及文化等方面进行对比研究。

三、补偿法

补偿法是以省略为基础，假设原功能、部件、结构缺失，经分析后设法补偿其缺失部分，产生新构思、新设计的创造性思维转化方法。

补偿法发展了省略与替代的优点和长处，来创造性、发散性地解决问题，它在设计领域的应用，多假设设计作品的使用者某种功能缺失，而需在设计时补偿其缺失的功能。例如：无障碍设计就是考虑到人在行走能力丧失的情况下借助代肢体所产生的各种不便，然后在建筑中给予最大限度的补偿以适应其代肢体的活动需要。同样，老年公寓、老年住宅也是假设人在感知觉部分丧失或全部丧失的基础上，通过建筑功能和尺寸的调整来对其活动的需求进行补偿。为社会上的弱势人群做设计需要一种换位思考法，就是站在使用者的切身角度来思考问题，假设自己是各种不同的特殊使用者有不同的需求需要在建筑中得到方便和满足。

例如东京地铁中为盲人设置的地图，让盲人靠触觉感知地图信息，来补偿视觉缺失。在日本某老人院的卫生间，这里的卫生间没有设门槛，并用布帘代替门，以方便轮椅的出入；沿墙设有扶手，以臂力辅助腿力，这都是补偿式的思考方法。

补偿法在设计领域的应用不仅限于具体功能、结构的实践上，还表现在其对设计理念的创新探索中。著名意大利设计师伊亚维克里夫妇在 1984 年设计的"行走办公室"，就是应用了补偿法设计创意的可戴在身上的袖珍办公室，体现了现代办公的新概念，这在当时可谓是极具超前意识的作品，该作品使他们夫妇获得了 1985 年《每日新闻》工业设计国际大奖。

21 世纪的今天，由于资源的过度开采、工业的过度发展、森林的过度砍伐等人为因素造成了自然平衡的破坏，如何补偿地球的新陈代谢的功能，恢复地球的生态平衡，将是新世纪人类面临的重要课题之一，同时也是许多年轻建筑师越来越关注的问题。在日本举行的第 34 届中央玻璃杯建筑设计国际竞赛的题目就是"关爱地球的建筑"，获得最佳作品奖的是日本法政大学的两名研究生大庭晋和岗田周的作品——"呼吸的网络"。它的创意是采用在城市铁路车厢的外部加装带有氧化钛涂层的皱纹板，作为城市的人工"肺"，列车运用现存的铁路网络，在行进过程中吸附城市空气中的氮氧化合物和二氧化碳，并利用日光中的紫外线以及夜间设在隧道、桥梁、及车站中的紫外线照射装置，进行紫外线照射。同时，通过光合作用将吸附的有害物质分解，使处于呼吸困难状态下的地球恢复正常。

补偿法是一种重要的创造性思维的转化方法，不仅许多优秀的建筑师因为善于利用这种方法而能够不断创新和发展，在一些国家的建筑教育中，也指导学生应用这种方法进行设计。比如，一项"夜园"的设计作业，要求学生设计的园林只在夜间开放，因此，园林设计要素中所有视觉要素都要弱化，而需调动听觉、触觉等其他感觉来补偿视觉的缺陷。这个设计中，学生们必须打破原有的思维过程，重新思考使用者视觉缺失情况下的园林设计，从而思考用技术手段来补偿其缺失的功能，满足使用的需求。

练习 3

请尽可能多地罗列墙的作用，设计一部楼梯，使其具有墙的几种作用。

第三节　符号展开思考法

一、符号展开思考法的基本原理
1. 技法的要点和特点
符号展开思考法就是为了进行设想的转换，把主题尝试着用图形和符号来浓缩和提炼，以引出设想。也就是利用拓扑学的原理将同胚的事物抽象成一些图形符号，然后根据事物的类似关系，自由地摆脱现实的构想，谋求新的转化的方法。

运用符号进行思考可以使复杂的东西变得简明易懂，使下一个思考变得容易，由于这些符号的自由联想，刺激直观的功能，诱发新的设想，一般常识所无法想像的概念也能毫不费力地表达出来，从而使前瞻的设想也能充分自由地展开。

2. 拓扑学的同胚原理

拓扑学是研究图形在连续变形下的不变整体性质的科学。拓扑学最感兴趣的是图形的位置，而不是它的大小或形状。

同胚是最常见的拓扑性质。以物体上是否有穿透的洞(一个洞为一个亏格)来界定是否同胚。例如，刺鲀和翻车鲀的外形很不相象，但在拓扑学看来它们是相同的事物，都没有亏格。同样的道理三角形、长方形、圆形、球体、没有锁上的锁头都是同胚的。

符号展开法使用拓扑学的同胚概念，是力求实现符号化，使思维得到飞跃。因为，把复杂的东西抽象成同胚的符号，简明易懂，使思考变得容易；其次，同胚事物的抽象能使我们去除一些次要的方面，更注意物体之间的类似与关系(同胚)；同时，由符号产生联想，摆脱现实束缚，自由地进行构想和新的组合。

二、建筑实例分析

现代著名建筑大师赖特在其著名作品古根海姆博物馆的设计过程中，用一个在三个向度上都是曲线形的富有流动感的结构(即螺旋形的结构，而不是圆形平面的结构)，来包容一个流动的空间，使人们真正体验到空间的运动。其主体的陈列厅是圆筒形空间，高约30m，周围是盘旋而上的层层挑台，外围直径从底层的30m，到顶层的38.5m，逐层扩大。在空间的内部，赖特安排了一个螺旋型盘道形成一个连续的参观路线，参观时观众先到最上层，然后顺坡而下，参观陈列在挑台一侧墙面上的美术作品。这种流线组织正是实现了赖特多年探求的理论，当人们沿着螺旋形盘道运动时，周围的空间是渐变的，而不是折叠的视景。由此，赖特在古根海姆博物馆的设计中把这种思想抽象为螺旋形的曲线，继而衍生出圆环形、圆形、圆筒形等符号，并运用到设计中，结合建筑的功能和结构要求，便产生了焕然一新的建筑形象，其形态和结构组织都开创了博物馆建筑的先河。

法国建筑师保罗·安德鲁在查尔斯·戴高乐机场第一航空港候机楼的设计中(彩图5-1)，就是从泊机的要求出发，考虑如何巧妙的将旅客分流，又能将大部分的飞机停泊在中央候机楼的附近，于是将平面选择为圆形。在这里飞机像卫星一样环绕停泊在其周围。在圆形的中心，设置了服务于停车场和旅客流线的楼层以及货物分拣层，建筑高度集中化，将这种功能有效地，同时又复杂地叠合在一起。

从"现代主义"的观点出发来考察这栋建筑，机场可以说是人们用来乘坐飞机的机器，它像是一台吞吐旅客的水泵一样，人们必须赋予这种运动以现实性和合理性的建筑表现。也许是安德鲁研究过数学的缘故，在他看来，圆形的中心是极为重要的存在，一切都收敛在几何中心点上。在这里赋予空间的所有要素都消失了，阳光也难以照射到。通过拓扑学的思考，圆形的中心被虚空化，在这一虚空的空间中，设置有连接各楼层的直线交错的旅客流线。通过这一虚化的中心循环流动，像水泵一样集中和发散的吞吐运动就成为可能。这一中心被称为"井"空间，它为空间导入了阳光和诗意，是航行的象征，隐喻着诞生，它确实是诞生的场所。

安德鲁的另一作品查尔斯·戴高乐机场第二航空港 ABCD 候车厅（彩图 5-2）也依然是一座由符号出发构思设计的后现代主义建筑作品，椭圆形的平面是它的主要形态特征，之所以采用这种形式，是因为这项工程的建造曾不止一次被石油危机所打断，于是这项工程的建设被分成很多阶段，计划在多年后才能完成。而椭圆形是一种久经考验的组织模式，理论上能被无限重复使用，在处理入境、离境及旅客转运问题上能保证将公路运输和机场设施分离开。因此 ABCD 候车厅以相同的对称设计为特征，通过一个中枢连接，屋顶从内部看像一块巨大的黑色织物有节奏地伸展开来，逐步覆盖整个候车厅，织物上的圆孔使天光流泻而入，材料的选择，光影的变换，开向飞机跑道但又被室内光亮掩盖的大玻璃和室内空间封闭的环形布局，共同为过往乘客创造出一种宁静平和的感觉。

符号展开思考法是一种重要的创造性思考方法，尤其在建筑设计领域，它是图式语言与抽象思考之间相互转换的有力工具，掌握和熟练这种方法，运用到设计过程中将可以带来更为广阔的思维空间。

三、符号展开思考法的操作程序

在这种转换技法所借助的各种符号中，拓扑学（相位数学）原理的应用比较典型，下面将使用拓扑学的做法作为进行方法的实例介绍如下：

（1）观看课题，再思考此后想到的符号（就是考虑课题的本质和期待产生什么设想）。

例如，课题是"设计一个广场"，那么，可以这样考虑：如果计划一块硬质铺地和一块软质铺地，在平面构成上可以将这两块地抽象成图 5-12 所示的图案：

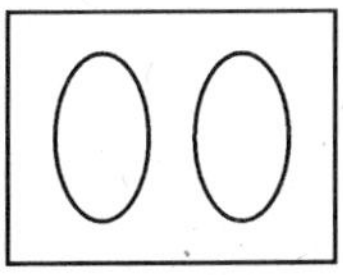

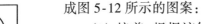

（2）接着，根据该符号想像出许多与此符号同胚的符号（图 5-13）。

（3）把制作出来的符号逐个画在卡片

图 5-12 两块地的抽象图

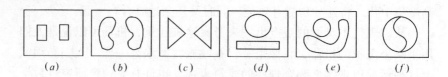

(a) (b) (c) (d) (e) (f)

图 5-13 想像出的同胚符号

上，再顺次取出，根据卡片顺序一边看这个图形，一边进行联想，以图形表达出所联想的东西或联想到的结构。例如看到(a)想到电源插座，看到(b)想到嘴唇、磁铁、香肠、双胞胎等，看到(e)想到人、门锁、花蕾、滚珠，看到(f)想到太极、阴阳、男女等，……

(4) 最后，把由此而联想出来的设想和结构作为线索，再应用到先前的课题中去，尝试考虑问题的新方法。

如：电源插座→动力的连接和启动

由此想到两块铺地的动线连接。

磁铁→吸引

由此想到两块铺地的相互吸引，相互呼应，在色彩上采用对比色，使绿地看起来更绿，使暖色看起来更暖，在形状上考虑这种效果。

双胞胎→相似、相亲

由此想到设计两块紧密联系在一起的铺地。

花蕾→春天、少女

由此联想到设计少女侧脸形状的草地，其余是硬地。

太极→阴阳八卦、和谐

由此联想到绿化景观和人们的活动(如打太极拳等)的协调。

练习1

请从西方古典柱式和拱券中抽象出符号，运用符号展开思考法进行拓扑变换，启发思考，做一凉亭的设计。

第六章　形态分析法和等价变换法

第一节　形态分析法

形态分析法是一种以系统搜索观念为指导，对问题进行系统分析和综合的基础上，用网络方式组合各因素，从而产生设想的方法。这一方法既是一种系统组合，又带有形态化的特征。

创立这一方法的是美国的 F·兹维基博士(后在加利福尼亚大学任教)。20 世纪 40 年代，他在研究火箭结构方案时，运用此法根据当时可能的技术水平，一共得到了 576 种不同的火箭构造方案，其中有许多是对美国的火箭事业做出重大贡献的很有价值的设想。特别令人感兴趣的是，在他得到的这些方案中，已经包括了当时法西斯德国正在研制并严加保密的带脉冲发动机的"F-1 型"巡航导弹和"F-2 型"火箭，因而等于获得了技术间谍都难以弄到的技术情报。

一、基本原理

形态分析法就是借助形态学的概念和原理，通过对创造对象的构成要素进行分析(因素分析)，再对构成要素所要求的功能属性进行分析(形态分析)，列出各因素可能的全部形态(包括技术手段)，在因素分析和形态分析的基础上，采取表格的形式进行方案聚合，再从聚合的方案中择优的一种系统思维的技法。

形态分析法的核心仍是组合，但在组合前要进行系统的形态分析。形态分析法的一个突出特点是所得方案具有全面系统的性质。但这种包罗无遗的方式对建筑设计来说，又显得有些繁琐。因此，运用此方法最好选取一个较小的问题。否则，就像许多技术部门那样，使用这种方法解决复杂问题，须借用计算机编程来完成。

在以往的建筑设计中，我们很难找到直接使用形态分析法的例子，不过从构成要素和可能的形态着手去考虑问题的思路却是由来已久。

北京天坛是中国古代最著名的坛庙建筑(图 6-1)。在我国，祭祀建筑既要满足它的物质功能要求又要满足它特有的精神要求，也就是必须通过合理的建筑空间组织来营造一种祭天的气氛。因此天坛的设计过程就是这样一个从因素分析(即以崇天的精神内涵和祭祀活动的礼制来确定天坛的各组建筑)到形态分析(即分析其形制、每一形制达到的精神要求和祭祀功能），然后通过甄选，最后通过技术手段完美地解决问题的创造性思考过程。从而创造了一个庄严、肃穆、神秘的祭祀空间。其中圜丘是最独特的，它无屋宇覆盖，坛面广阔，意蕴为"天垂于人，人拥于天"。坛高三层，用料设计是对《易经》太极与易数"九"的反复强调。另一主要建筑祈年殿，平面为圆形，寓"天圆"之意，具有强烈的中国人文与象征意义。

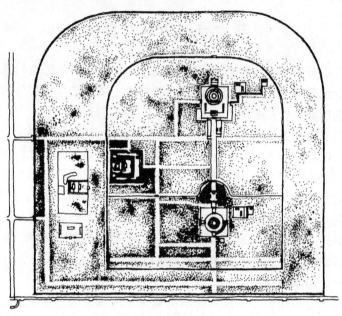

图 6-1　北京天坛

其实不仅古代的工匠善于借助这样的思路来解决复杂的问题，在现代建筑的探索和实践中，依靠技术手段组织要素与功能的手法主义也是建立在形态分析法的基础之上的，日本建筑师小岛一浩先生经常是以"自然"为最根本的要素，最突出的主题是"光"，追求内部空间的光效应，具体说就是将自然光源通过透射、折射、反射有机地组织到建筑的内部空间中，从而产生各种相异的内部空间，这些相异的内部空间相对应地产生各种各样的屋顶形式，建筑整体的造型也就在这一系列的变化中诞生了。

二、实例分析

在建筑设计中并没有实际应用这种方法的例子，但是从功能和形态结合去考虑的思路却是由来已久的。古今中外的许多优秀建筑都是设计师在形态分析的思考过程中找到灵感，创造出不同以往的崭新建筑形象。通过分析建筑与城市的形态、功能特征，联系和吸收自然界动植物的生长机理和一切自然生态规律仿生学设计方法在现代建筑实践中以及城市规划实践中的应用也十分广泛。

1. 建筑设计中应用形态分析思路的实例

芬兰著名建筑师阿尔托设计的德国不来梅的高层公寓(1958~1962)的平面就是来自蝴蝶的原型,他把建筑的服务部分和卧室部分的功能分析后,比作蝶身和翅膀,不仅带来内部空间的新颖布局,而且也使建筑空间的造型变得更为丰富(图6-2)。类似的情况还有很多,比较著名的如夏朗在1960~1963年在柏林设计建造的爱乐音乐厅,内部空间则是仿自乐器内部空间共鸣的效果而建造的复杂奇特的形体(图6-3)。1966年由丹下健三在日本山梨县建成的文化会馆是一座新陈代谢派的著名作品,他为了使建筑满足其生长和发展的要求,他的平面组合就仿自植物新陈代谢的功能,设计了一个圆形交通塔,内为电梯、楼梯与各种服务设施,所有办公空间则建立其间,这样可以根据需要扩建或减少。

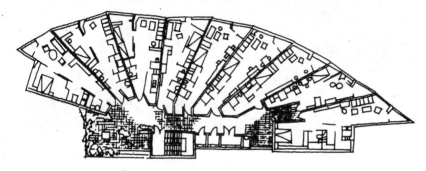

图6-2 不来梅公寓

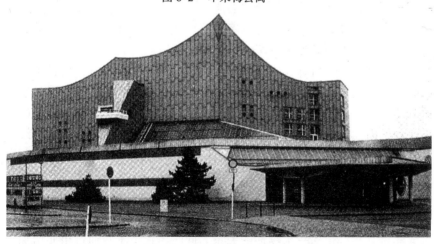

图6-3 柏林爱乐音乐厅

2. 城市规划中应用形态分析思路的实例

自然界生态平衡的规律不仅为我们的建筑提供了交织组合的范例,在城市环境规划方面,也为解决复杂的城市系统的功能、生态、能源等问题提供了崭新的思路。早在1853年巴黎塞纳区行政长官欧斯曼在进行大规模的巴黎改建中,为了对城市的功能结构进行改善,使城市交通、环境绿化、居住水平都达到一个新的境界,在改建过程中某种程度上就是模拟了人的生态系统而进行规划设计的(图6-4)。例如，当时在巴黎东西郊规划建设的两座森林公园，其巨大的绿化面积，就像是人的两肺，环行绿化带与塞纳河就像是人的呼吸管道，这样就可以使新鲜空气输入城市各个区域，市区内环形和放射形的各种主、次道路网就像人的血管系统，使血液能够循环畅通，这种城市环境的仿生思想，在当时起到积极的作用，解决了困扰巴黎的城市交通和城市环境美化的问题，使巴黎在世界上成为城市改建的成功范例。

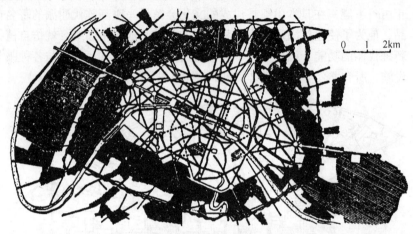

图 6-4　巴黎改建

　　一些建筑师将单纯的建筑功能问题，扩展到社会问题的层面上，进行社会问题和社会现状的思考，并用建筑的形式来探讨社会关系的重构，这种思考方法中也蕴涵形态分析的方法。日本东京大学的研究生原田大佐的"竹林住宅"提案，就是利用竹子以永续性为目标所做的贫民区住宅的改革提案。他分析了竹子的特点和松木町 43 号地区拥有的日本贫民区的典型特征，提出了重新选址在一片竹林覆盖，交通便利，周围没有住宅的区域，在这里废旧物品再利用业可在此继续经营，并能提供竹林管理和竹材加工的新型就业渠道，并通过整备荒废的竹林和建设竹结构的住宅重新挖掘都市和自然之间的关系。在这个提案中，把未来的都市与贫民区的关系反过来，促进新规划区域与都市间的联系，竹林在提供都市景观的同时，采伐下来的竹子可以加工成建材，和都市保持永续性的关系。同时，住宅本身通过单元增加、建材交换也可获得永续性。

　　通过以上实例可以看出，以形态和功能结合的分析法在建筑领域的应用，其重要的意义表现在为设计和规划提供了推动性的方法和思维方式，大量建立在这种形态分析基础上的研究，都为建筑思想和实践的发展翻开了新的篇章。

　　三、技法操作程序

　　下面以设计一把新式的椅子为例来说明一下形态分析法的具体运作方法。

第一步：因素分析。列出创造对象的所有构成要素，如：椅子面、椅背、扶手、椅子腿……。

第二步：形态分析。列出构成要素的功能属性，如：外形、质感、支撑方式以及功能。

第三步：技术手段。列出各因素可能的全部形态，如：弯曲的、直的、平面的、曲线的、长的、短的、柔软的、坚硬的、光滑的、粗糙的、圆的、方的、三足、四足、无足等；支撑、环保、舒适、安全、易清洗、放松、保健的……，等。

第四步：用表格（表6-1）进行方案聚合，再择优。选出好的方案后讲评。

形态分析法表格　　　　　　　　　　　　　　表6-1

形态技术手段 因素	形态1 （外形）	形态2 （质感）	形态3 （支撑方式）	形态4 （功能）	技术手段
椅子面					
靠背					
扶手					
椅子腿					
……					

下面再以从人的本能出发设计一种新型的住宅为例，说明形态分析法在设计中的应用。

首先，因素分析，住宅的构成因素有屋顶、墙壁、门窗、地面。

其次，形态分析，根据弗莱彻的人类本能分析表（表6-2），可以看到人类对于住宅的需求从生理出发包括以下几个方面：

弗莱彻的人类本能分析表　　　　　　　　　　表6-2

生理活动	本　能	对建筑的要求
呼吸	呼吸	根据温度、湿度的要求调节气候，避免烟雾、异味侵入
胃壁收缩	饥饿	
各生理薄膜的干枯	口渴	供水
生理平衡机制	保持舒适的温度（温暖、凉爽）	控制温度（供热、热损耗，调节空气、隔热）
疲劳	睡眠	幽暗、温暖适度
觉醒	睡醒	增加亮度
皮肤感觉器官	注意皮肤表面舒适	防止昆虫进入
肾上腺素流动	害怕	提供安全保护性空间
消化过程	1. 排泄 2. 寻求一般性刺激，玩耍、好奇	厕所、便器 多变的环境
内分泌流动	1. 性欲和求爱 2. 性活动 3. 建立家庭 4. 维持家庭	私密要求 舒适环境 保护性环境 促进交往
综合官能活动	1. 高兴——痛苦 2. 合群——孤独 3. 积极的——消极的	提供各种象征符号以刺激情感、想像或宗教

第三，技术手段，根据形态分析列出各种因素可能的全部形态。

第四，用表格进行方案聚合，再择优。选出好的方案后讲评(表6-3)。

住宅设计方案聚合表   表 6-3

形态技术手段 因素	呼吸	控制	保护	多变	舒适度	交往性	想像性	技术手段
屋顶								
墙壁								
门窗								
地面								
……								

练习 1

混凝土作为一种建筑材料应用广泛，但日本建筑师安藤忠雄则是一位希望用混凝土这种建筑材料来表现一种冷峻的、坚忍的民族精神。他于 1976 年设计的"住吉长屋"就因对混凝土的出色运用而获得日本建筑学会的大奖。安藤忠雄就是通过对混凝土这种建筑材料的流动性、可塑性、干燥后的高强度等物理性能和力学性质的分析，挖掘其柔软性、刚强性、温暖感、冷漠感等材料质感对感官及精神的影响和刺激以及它所能表达的精神性。在建筑中利用混凝土饰面所能造成的那种肃穆的感觉，与日本传统的灰色调、质感、抽象性相吻合，强烈反映出日本传统中的一种"最低限"的精神(图 6-5)。

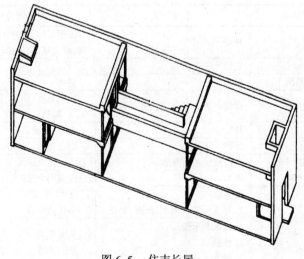

图 6-5 住吉长屋

请在下面的混凝土的形态分析表(表 6-4)中，进一步思考这种建筑材料的特性，将空白的表格填满。如填上"彩色混凝土"带来的一系列新感觉，从而为在建筑设计中如何应用混凝土的特性创新设计打开思路。

混凝土形态分析表　　　　　　　　表6-4

创造出的形态 因素 (材料的物理特性)	审美性	主观感觉	3	4
流动性(未加湿前)	模糊性	飘逸性		
可塑性(硬化前)	柔软性	母亲感		
高强度(硬化后)	刚强性	父亲感		
灰色调	素色	冷漠感		
……				

练习2

美国当代建筑师斯蒂文·霍尔在他的著作《字母城市》中进行了城市建筑的类型学的思考，通过对美国的历史和文化的研究，分析了美国城市中被城市格网系统限定的不同种类的建筑，并按字母的形式将城市建筑分为9种类型：I、U、O、H、E、B、L、X，从形态的角度探讨了建筑类型与城市格网模式的关系(图6-6)。

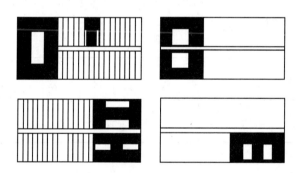

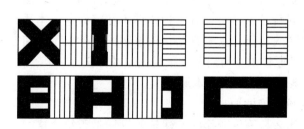

图6-6　字母城市

请用形态分析方法将霍尔的字母城市列出表格(表6-5)，在头脑中形成更清晰的印象，并尝试填上更多的内容，经组合后，挑选最新的方案。

"字母城市"形态分析表　　　　　　　　表 6-5

因素 (历史文化决定的建筑类型) ＼ 形态,技术手段	1 (形态)	2 (形态)	3 (技术手段)
I			
U			
O			
H			
E			
B			
L			
X			
……			

收集相关资料，运用这样的方法把中国城市和建筑分为几种类型，分析每一类型的形态。

练习 3

运用形态分析法为设计同等面积下(10m²)最高、最轻的构筑物提供思路(表6-6)。

表 6-6

因素形态	支撑		围合		使用	
	竖直的	水平的	透明的	不透明的	固定的	活动的
高						
轻						

第二节　等价变换法

等价变换法是根据等价变换的理论进行创造的方法。等价变换理论抓住了创新必定是对现有事物的继承和突破这一本质，新旧事物具有某种共同的本质，新事物是在旧事物的基础上发展演变而来的，这是一种借助原型来获得启示和推进创造的方法。

一、等价变换法的基本原理

1. 等价变换的原理

那么什么是等价变换呢？建筑的发展是否符合这一规律呢？等价变换的原理是描述事物发展和进化过程的理论。所有历史形成的事物，如果对其发展规律加以概括，实际上都是一个由低级水平向高级水平进化的过程。考察建筑史，我们会发现建筑的发展也是一个连续

132

的过程，每种建筑风格的产生和发展，都是对已有建筑的改造和继承。

　　就以现代主义建筑为例，在它产生的近一百年时间里，其建筑风格与形式也发生了很大的变化，是一个不断深入螺旋上升的进化过程。20世纪初的早期现代建筑从使用功能出发，采用现代的建筑材料玻璃幕墙和钢筋混凝土，外形简洁没有多余的装饰，如格罗庇乌斯1926年设计的包豪斯校舍；五六十年代的国际主义风格对现代材料和结构的运用更加纯熟，但风格开始定型化，玻璃幕墙和钢结构的方盒子到处都是，密斯在1956～1962年设计的西格拉姆大厦(图6-7)是这一时期的代表作；由于国际主义风格千篇一律，在20世纪70～90年代出现了一些试图修正其呆板面貌的建筑流派，它们或者是在现代建筑的基本形式下进行典雅的细部处理，或者是加入有趣味的历史符号，如典雅主义、后现代主义等，美籍日裔建筑师雅玛萨奇1962～1976年设计的纽约世界贸易中心(图6-8)，是国际主义风格和典雅主义风格结合的典型作品，1976年菲利普·约翰逊设计的美国电报与电话公司大楼(图6-9)是后现代主义的代表作。从这些作品中可以看出它们有不同，也有明显的相似之处。

图6-7　西格拉姆大厦

图 6-8　纽约世界贸易中心

图 6-9　美国电报电话公司大楼

现代主义建筑发展到今天，已经演变成为比较成熟的多元化的当代建筑，如理查德·罗杰斯1979～1986年设计的伦敦劳埃德保险公司和银行大楼(彩图6-1)是高技术风格的代表作，是把现代主义建筑的技术层面加以夸张和表现；理查德·迈耶在1980～1983年设计的美国亚特兰大海尔艺术博物馆(彩图6-2)，是新现代主义的典型作品，延续了现代建筑无装饰、功能主义和理性化的特点，同时又有独特的细节处理。

所有经由创造而实现质的飞跃的事物，每一个更高级的阶段都保留了前一个阶段的合理内核。建筑设计也是一种创造性的工作，建筑也是由创造产生的，从现代建筑发展的过程来看，也体现了等价变换这一"否定之否定"的原理。现代主义建筑通过不断的去粗取精，终于发展成比较成熟的当代建筑风格。这里我们把现代建筑的发展与发明创造的飞跃阶段进行了比较，见表6-7。

发明创造的飞跃阶段与现代建筑发展阶段的类比　　　表6-7

等价变换阶段	现代建筑发展阶段
历史性前提的低水平阶段	20世纪初的早期现代主义建筑
应抛弃的低阶段特有形态	应抛弃的不成熟的建筑技术和建筑形式
从前提阶段保留的合理内核(历史遗产)出发产生飞跃的过程	早期与成熟期的共同特点：从使用功能出发；强调现代建筑材料和建筑技术的应用，如玻璃幕墙、钢筋混凝土、钢结构等
新联系和新秩序所特有的要素	出现了对现代建筑的新探索，如典雅主义和后现代主义，虽然它们还不是很成熟
达到高水平的新秩序的阶段	形成比较成熟的多元化的当代建筑风格，如高技术风格、新现代主义等

2. 等价变换法在建筑中的应用

在建筑设计中，等价变换法的应用主要是如何有创造性地继承和发扬传统建筑，使传统建筑中的有价值的东西得以保留，同时又使建筑的形式适于新时代的功能要求和审美要求。日本当代建筑的一个突出的特点，就是现代建筑和传统建筑、现代设计和传统工艺并存。日本传统建筑中的许多因素，比如简单、明确、使用模数单位、紧凑、多功能性、自然材料的广泛使用等等，都在日本当代建筑中得到充分体现，因此，能够从本质上把传统的精神和现代的技术和功能结合。日本建筑家对于空间的理解，具有丰富的东方美学内涵。如：日本建筑师丹下健三设计的日本香川县厅舍(图6-10)，是成功地把现代主义和日本传统建筑的构造结合起来的典范，一方面运用了现代建筑材料钢筋混凝土，同时模仿采用了粗壮的柱子，简单的模数单位，形成类似日本传统建筑梁椽式的建筑形象；安藤中雄设计的六甲集合住宅

1(彩图6-3),把建筑立面框在正方形网格里,与日本传统的网格和比例取得了神似的效果。

图6-10　日本香川县厅舍

二、等价变换法的操作过程

1. 等价变换理论的两种含义

(1) 静态定义:不同事物之间只要找到相似之处,就可以进行比较,并受到启发,从而产生创造性的发明。这是一切创造性作业的基础理论。

操作过程:不同事物(A、B)之间设定适当的思考观点 Ui(思考问题的角度,是从功能角度还是从形态角度、文化角度……)后,考虑可取出二者之间的共同要素(等价因素 ε 和它的限定条件 C),由此可找到两个事物之间的等价关系。如可乐瓶的发明来自于吹制玻璃的工人看见女友穿的裙子,受到启发,提出了别具一格的设计方案。这期间,裙子作为旧事物(A)与新事物——可乐瓶(B)之间有等价的方面,即外在形态。

$$
\begin{array}{ccc}
\Sigma a & & \\
\uparrow & & C\varepsilon \\
A & ====== & B \\
& & \uparrow \\
Ui \cdots\cdots & & \Sigma b
\end{array}
$$

等价公式

(2) 动态定义:是生物进化过程,也是所有飞跃过程的规律。

在基本等价因素基础上,抛弃旧的形态和性质,进化为新事物。可乐瓶的发明者抛弃了无用的方面(布料、扣子等),使用新的材料,加上功能的要求,得到了新的事物。

2. 操作程序

在建筑设计中继承传统建筑的精华就是一个等价变换的过程。创造性转换，并非是一种机械转换，不能机械地照搬照抄传统建筑的形式，而是遵循着事物发展的内在逻辑性，结合时代的先进的思想和技术，有创造性地继承。下面以一个建筑设计实例——建筑师张永和设计的清溪坡地住宅群(图 6-11)，来说明等价变换法的操作过程。

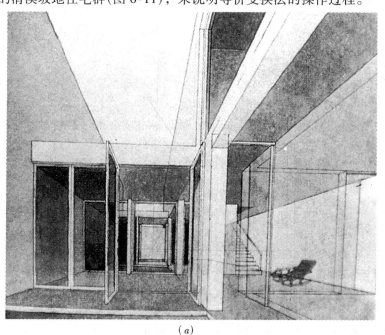

(a)

(b)

图 6-11 坡地住宅群

第一步：分析要解决的课题，即确定创造的具体目标——新事物 B。这是一个拟建于广东境内、深圳附近的郊区住宅群体。

第二步：寻找并设定适当的思考观点 Ui。设计者以内外空间的规律和文化传统的内涵为出发点，成为思考观点 Ui。

第三步：通过分析取舍，从过去事物(A)中抛弃无用的条件集 Σa，抽取适合于未来新事物(B)的构成要素 $C\varepsilon$。其中 C 是对等价因素 ε 的限定条件。设计者首先对中国传统的空间概念进行了分析整理：从内向、封闭的空间观，到"进"(空间系列)这就是 ε，根据南方的自然气候条件，形成特有的"天井"(室外活动空间)和"厅"(半室外活动空间)，C 是对等价因素 ε 的限定条件。

第四步：新事物以特定的等价因素为设计基本点，加入新的历史条件 Σb，就构成了新事物 B。将传统的空间理念运用到设计中去，用现代的空间塑造手法和尺度协调方法等(Σ_b)，去体现传统的邻里情调和空间感受，产生新的设计(B)。

设计者的具体设计手法为：①重组室外活动空间，在建筑群体内建立两种室外活动空间：属于各户的天井和属于社区的公园。把群体内的公共空间分为两种：开敞的属于步行者的公园——田园式的空间；狭窄的属于车辆的街道——城市性的空间，像传统村落中的巷子。②重建"室外房间"，通过空间的灵活划分，形成连续的大空间，或形成相对私密的小空间。这种对传统的"神似胜过形似"的追求，在现代建筑设计中往往更富有创造精神。

练习1　"公共的空间"等价变换

在这一练习中，我们将练习按"等价变换法"进行建筑设计创作。

第一步，设计对象的确定：自选一个现有的建筑(实例)对其改建。

第二步，确定适当的思考观点(角度)：以发展公共空间为设计的核心问题。

第三步，提取等价模型。

从下列给出的著名建筑中提取出等价的公共空间模型的图示。

①圣彼得教堂；②筑波中心；③四合院；④道格拉斯住宅。

第四步，等价模型代换，组织一个新模型。

对其选择的建筑物的公共空间的形制，研究质疑，用上一步抽取的等价模型进行等价代换，使现有建筑的公共空间具有已提取出来的共性特点。

第五步，完善这个图式，制作一个立体模型。

第七章　逆向思维与两面神思维

中国古代哲学家老子曾提出一个著名的观点，叫"反者道之动"，意思是说构成"道"的矛盾双方是向其各自相反的方向运动的。如今，这古老的哲学命题仍然是对事物发展变化规律的最精辟的概括。思维的发展变化与自然界、人类社会的发展规律是一致的。逆向思维与两面神思维恰恰体现了矛盾的对立与统一。

第一节　逆向思维

传统的习惯性思维是一种"顺藤摸瓜"式的工作方式，即按照一定的逻辑向前推进思考，而逆向思维则是从相反的、对立的、颠倒的角度去思考问题。在设计过程中，如果将原有的这些事物所固有的属性，如顺序、形状、结构、功能等逆过来，有时往往会产生意想不到的创意。

逆向思维开始于相反联想，结束于反向求索。所谓相反联想就是从相反方向去产生联想，以激发新方案的思维方法，即由某一事物的感知和回忆引起对与它具有相反特点的事物的回忆。如由黑暗想到光明，由温暖想到寒冷等。相反联想容易使人想到事物的对立面，从而大幅度地变换思路。反向求索是逆向思考获得新答案、新设计的过程。这是一种具有挑战性、批判性和新奇性的思路，其本质是知识和经验向相反方向转移，是对习惯性思维的一种自觉冲击。

纵观建筑的历史发展，每次大的革命性突破几乎都是逆向思维的结果。以现代建筑的发生和发展为例，西方古典建筑发展到 19 世纪末，建筑设计的核心变成了对装饰的过分追求，建筑师的天分被禁锢在细节纹样的推敲和采编上，于是建筑变成了令人气闷的花样拼贴的载体。这时一些有见地的建筑师对这种情况进行了反思，如路斯提出的著名口号"装饰就是罪恶"，便是对当时习惯性的设计思路的逆向思考。逐渐地由于这种逆向思维的作用，人们对繁琐装饰的对立面——简洁性的美感有了新的认识和追求，其极致论断就是密斯的"少就是多"。

然而，随着密斯式的纯净和简洁在世界各地的泛滥，人们又苦恼于"火柴盒"式建筑的单调与乏味。到 20 世纪 60 年代，文丘里的逆向思考又将人们带入后现代建筑的隐喻和符号化当中。他在《建筑的矛盾性与复杂性》中革命性地提出"少就是厌烦",他指出人们对建筑的复杂需求并不是简单的建筑形式所能满足的,而像拉斯维加斯那样纷杂错综、光怪陆离的感觉却能给人新的形象刺激。从此,装饰又大大方方地回到建筑上来了。

装饰从繁到简,又从无到有的现代建筑发展过程,从根本上说是建筑师从对立的、颠倒的、相反的角度去对传统进行思考的结果,由此带来建筑形式的大变革,所以我们可以看出,逆向思维往往能打破常规,破除由经验和习惯造成的僵化的认知模式,从而为创造扫清障碍。

一、形态反向

建筑的一切意义是由形态的变化来表述的。建筑形态的创新最能给人带来视觉和心理上的刺激,从而激发观者的欣赏兴趣。所以众多的建筑师对建筑形态设计十分重视。设计中如果将逆向思维用于形态创新上,往往能有助于打破思维惯性,获得意想不到的成功。

1. 对称与非对称的反向思考

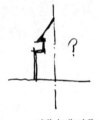

对称与非对称

建筑物对称的形态是一种传统渊源很深的设计手法,无论是东方古典建筑还是西方古典建筑,中轴对称都发展成为仪式化的文化意识。在中国,中轴线的运用,代表了儒家"正名"与"中庸"的哲学思想,在西方,对称则是理性美学思想中强调秩序性的重要因素之一。因此对称的美学意识最能为人们所接受,北京故宫中轴线上强烈的空间序列变化带给人的皇权威严感,罗马万神庙严谨的几何组合产生的崇高与神圣感,圣彼得大教堂的柱廊、广场和穹顶,所形成的神权的无上性,等等,都跨越时空,使人在对称的形体中感悟出一种精神上的力量。

但任何好的东西一旦被作为模式僵化地传承下来,它就变成了束缚人们思想的枷锁,对称在古典建筑的设计中无形中被固定成必须遵守的法则,随着社会的发展,技术的进步,到 19 世纪末 20 世纪初,大量新型功能的建筑出现了,如火车站、大型商场、高层办公、工业建筑等等,但由于受旧思想的束缚,人们还是用对称的手法处理日益复杂的功能关系,所以产生了许多形式与功能之间无法协调的矛盾。

当"形式追随功能"成为现代建筑初期的革命性口号时,人们对传统的重要反思之一就是关于"对称"形式的反向思考。"对称"带给我们的是秩序、严谨和庄重,其反面则是活泼、快乐、轻松,而这正是现代生活所追求的,于是从功能出发,自由灵活地进行设计,就成为现代建筑的重要内容之一。当"包豪斯"校舍以非对称的形态出现时,其活泼、清新的形象仿佛是一股清风吹进了由"对称"形象统治的沉闷的建筑领域中。这种创新的手法使人们大开眼界、兴奋不已。

2. 上下、内外反向思考

(1) 上下反向

内外反向

在进行宗教建筑设计时，常用的一个手法是将神坛置于高台之上，以表现神圣的崇高性。安藤忠雄设计的"真言宗本福寺水御堂"(图 7-1)却一反传统，将神庙置于一片椭圆形水池之下，水池中种植了睡莲，象征"人生如浮萍"的偈语。当人通过池中部的台阶缓步走下时，便会感到"浮萍"般的人生在消失、山在消失、天空在消失，……一切都在消失，红尘皆虚空。最后走入大殿，昏暗中前方一缕红光闪烁，恍惚中以为是佛在召唤。这里，安藤通过下沉的空间反向，将人们带入一个"物我皆空"，"心佛合一"的精神境界。

图 7-1　"真言宗本福寺水御堂"

(2) 内外反向

内外反向

人们在设计和使用建筑时有一定的习惯性，比如对于各种管道设备，常规上是尽量用管道井、吊顶等方法将其隐藏起来，如果用逆向思维的方法，将这些管道故意暴露出来，又会如何呢?罗杰斯和皮阿诺在进行法国巴黎的蓬皮杜中心设计时，便来了一次"内外反向"的尝试，而且由此引出了一个全新的建筑流派——"高技派"。蓬皮杜中心将过去我们隐藏起来的管道、设备全部搬到建筑的外立面上，这样不仅使内部空间完整，便于使用，更突出的是立面效果出人意料之外，人们看到一种前所未有的新形象。此后，罗杰斯又设计了英国的劳埃德大厦等建筑，这种内外反向的手法得到更精美的发挥。

(3) 大小反向

建筑的各个组合部分由于其使用性质的不同，都有自身相对于整体的一定比例关系，比如柱式原本是起承重作用的，所以其尺度相对于整体来说，是很小的。但是隈研吾在设计 M2 MAZDA 公司大楼(图

7-2）时将柱子的尺寸放大到一个中庭的尺度，在立面上占据中心位置，成为视觉焦点，改变了人们原有的比例概念，而且探索了一种建筑形式和功能之间的新关系。

图 7-2　隈研吾设计的 M2 MAZDA 公司大楼

（4）维度反向

建筑的基本形态维度是由"长、宽、高"三维形成的空间，在进行维度反向创作时，可有建筑形态的多维化和建筑空间的多维化发展等手法。建筑空间的多维化，最常用的就是加入时间维度的概念，如传统的序列空间，中国古典园林中的"步移景异"等手法。建筑的多维化，比如日本建筑师 Shuhei Endo 设计的公共厕所和公园管理者休息室（图 7-3），以螺旋的波形板连续围合成几个不同的几何空间，在外观上看，分不出哪是屋顶，哪是墙身，在碧绿的草地上仿佛是一片海浪在自由翻滚。

图 7-3　公共厕所和公园管理者休息室

练习 1

(1)设想水往上流的方法及可能出现的景象。

(2)将一个客厅改成广场。

(3)将台阶放大 10 倍、100 倍可出现什么用处?

(4)可移动建筑的设计。

设计并建造两个外形或性质上截然相反的可移动建筑, 在这个建筑中进行环境感知方面的实验, 并将对比实验结果应用到设计方案中。

此项设计包括七个因素: ① 研究五种感觉中至少一种的设计含义; ② 提出假说和设计原理; ③ 设计两个可移动结构, 检验你的假说, 并且无论是水平或垂直方向, 均能容纳一人。这两个结构一定要用一小时或不足一小时就建立起来。探索研究材料和形式(结构); ④ 建立可移动结构; ⑤ 做实验, 检验你的假说; ⑥ 分析、综合研究结果; ⑦ 探索设计中实际应用结果。

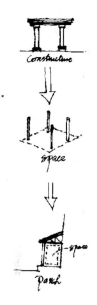

功能反向

二、功能反向

功能反向的思考, 有助于我们在建筑设计时揭示出许多潜在的本质性内涵, 即通过对事物的反面的思考, 来加深对事物本身的认识。另一方面对功能的逆向探索, 也有益于我们从更深的层次上创作有新意的作品。

功能反向具体到建筑设计上, 包括有作用变无作用, 无作用变有作用; 难变易, 易变难; 施主变受主, 受主变施主; 劣化变优化, 优化变劣化等等。概括起来就是功能转换、作用转换、原理转换、运动方式转换等。

从设计手法的角度来分析, 我们可以运用下面几种方法。

1. 因果互易

结果和原因之间的关系并非是固定不变的, 有时结果也可变成原因而得出新的结果。比如说, 风吹风车转, 风车转产生电, 电又使电扇转, 产生风。

在建筑上也有很多这样的例子。

由于结构承重的要求产生了柱子, 柱子又起了界定空间的作用, 从而产生了柱廊。这里, 由承重的"因"得到柱子这个"果", 再把柱子作为"因"则得到了柱廊这一新的"果"。由此可以看出, 如果我们有意识地将平时习以为常的"果"进行分析, 使之变为"因", 这样就会产生新的甚至是意想不到的"果"。

屋顶本是为遮风避雨的。但我们都有这样的经历, 登上屋顶时, 我们会情不自禁地凭高远眺, 由此, 产生了屋顶花园、观景台、旋转餐厅等新的功能。安藤忠雄在设计"大阪府立飞鸟历史博物馆"(图 7-4)时, 则将屋顶处理成一个硕大无朋的台阶式广场, 成功地创造出一个人与自然以及人与人之间交流对话的场所，沿着宽阔的踏步拾级而上，可以尽情观赏周边连绵的自然景观。在这个由屋顶形成的广场上，还时常举办演戏、音乐会和节日庆典活动。

有时形成"果"的"因"不是一个，而是多个，当你不能找到某

图 7-4 大阪府立飞鸟艺术博物馆

个原因而凭其他原因去力争好结果时，会屡屡受挫。这时，不妨以"果"溯"因"，以"果"反推那个未知的"因"，从而得到更合理的结果。这种反向法在学习建筑设计时我们常常应用在对前人作品的分析、借鉴上。面对大师的精彩设计结果，我们习惯于反推之，为什么它会是这样的空间形态——是环境因素、功能要求还是文化背景的影响？从这个过程中，揣摩大师的构思心态，从而学习处理各种问题的方法。在设计过程中，也常用这种反向法。比如作环境分析时，我们总是推断形成现状（现有的"果"）的各种原因，再用这些因素来推导欲要完成的设计成果（未来的"果"）。

2. 优化反向

优化的反向即劣化，欲达到某一目的，而先向这一目的的相反方向发展。这种方法在中国古代说军事谋略中叫"欲擒故纵"，意思是说，要想擒获敌人，不要逼迫敌人太紧，而先让他逃跑，以"累其气力，消其斗志，散而后擒"，这样才能"兵不血刃"，从而获得到更大的胜利。

中国古典私家园林，由于用地较狭小，所以常用"欲扬先抑"、"小中见大"的设计手法。比如，苏州的留园（图 7-5），从街道进入园中，有长约五十多米的狭长通道，是在高墙间曲折穿行，原始条件

优化反向

并不理想，但古代造园家用高妙的手法将这一段过道设计得自然多趣。穿过门厅、轿厅，右侧即是过道，前行十余米左折，微微宽些。再前右折，两边两个蟹眼天井植瘦竹一二，为昏暗的过道引进一些光亮，带来些许天趣，又前行，过一门，有一天井，筑花台、石笋，植花木。过此，再前行至"古木交柯"处，透过漏窗则豁然见园中开敞之山水景色。留园充分利用入口的狭长、曲折和封闭性，来形成与园中主要空间的强烈对比，从而有效地突出了园内主要空间。

园林建筑空间形式一般自由活泼，而扬州何园（寄啸山庄）的入口空间却是一狭长、封闭而规则的长方形空间，与园内的舒朗、开敞、活泼的空间形成强烈对比，从而有效地突出了园内的主要空间(图7-6)。

在现在的设计中，运用这种手法，同样有新的创意。比如走廊按照节约和效率的原则，第一应该尽量地窄，只要满足疏散就可以了，第二是人们应该尽快通过以节约时间。所以习惯上评价一个合理的走廊的标准是，越短越好，越少越好，越直接越好。如果反之而行，会怎样呢？比如一个学校建筑，我们加宽走廊，它就会出现新的功能形态——它可能是一个展览空间，也可以是一个课余活动空间，这样走廊就不仅仅是交通空间，而成为一个交流的场所了。

图7-5　苏州的留园

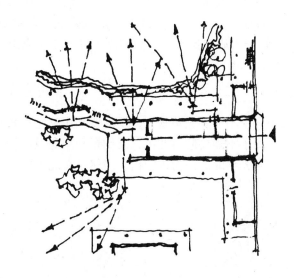

图7-6　扬州何园（寄啸山庄）

3. 缺点逆用

逆向思维的一个特殊的、与人的价值观念相联系的形式是缺点逆用，即不正面克服缺点，反而恰当地利用缺点的长处。

南开大学李正明教授概括了缺点逆用所包含的三个方面：①巧妙地给缺点派上合适的用场，即巧用缺点；②将生活中和工作中偶尔碰到的"倒霉事"转化为"幸运事"，即把握机遇；③将人们的遗弃物转化为有用物，即变废为宝。

事物的缺点能够转化为优点，一方面是由事物的客观性所决定的。事物的这种客观属性是事物联系的一个环节，在事物的发展中必有它的作用；另一方面是由人的主观所决定的，所谓有用无用都是人的主观的限定，但随着人的需要的变化，不同的人的不同需要，都会使一个事物此时无用，彼时却有用；此地无用，彼地却有用；对此人无用，对彼人却有用。所以，换个场合或换个对象，就可能变缺点为优点。

灯光昏暗在一般情况下是一个很大的缺点，它不利于工作和学习，但换一种场合，比如在咖啡厅利用暗光可以创造出朦胧、温馨怡人的气氛，增强情调。楼梯由于易引起人的疲劳而使人滞留，当其作为交通组织部件时，这是它的缺点。雅玛萨奇设计纽约世界贸易中心的中庭——Winter Garden 时，在中庭的一端设计了一个超尺度的圆形楼梯，利用楼梯的滞留性这一特点，使之成为一个交流的场所。在平时可以起交通作用，也可供人们休息；在举行宴会时，它可以是主席台；在进行演出时，它又可以是观众席(图 7-7)。与此类似，在日本东京原宿繁华的商业区，有一小型商业建筑做成了有趣的台阶形，台阶下面是商业空间。它的建筑覆盖率几乎 100%，但又能创造大面积的户外空间，台阶将人们"滞留"在这里，人们可以居高临下，席地而坐。借由大台阶而上，二、三楼的可及性提高，距离感也缩短许多，反而成为较好的店面位置。屋顶的露天啤酒座，也由于这个大台阶而亲近很多(图 7-8)。

练习 2

(1)什么情况下不需要避免眩光，反倒要利用眩光?(光的教堂)
(2)什么情况下不需要防范北风，反倒要利用北风?
(3)设法使阳光从北面照射进室内，当然是在北半球。

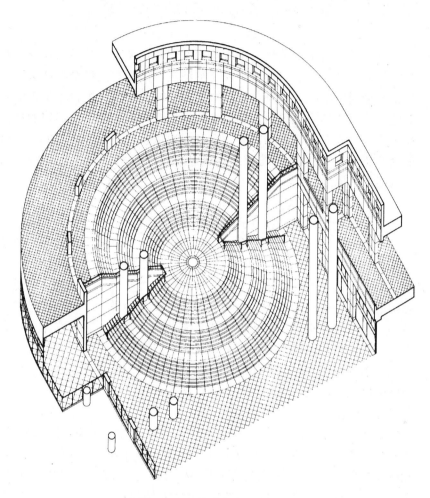

图 7-7　纽约世贸中心中庭

图 7-8　日本东京新宿繁华的商业区中台阶形商业空间

第二节 两面神思维与符号隐喻

自然界充满了辩证法，矛盾对立面的转化无时无刻不在发生。对自然规律的认识，不仅形成了客观辩证法，而且必然带来辩证法、认识论和逻辑学的统一，符合客观辩证法的认识和思维逻辑才是正确有效的。认识主体有意识地运用辩证法，发挥人的认识能动作用的具体体现之一，就是主体根据需要，有意识地从相反方面考虑，促进矛盾的对立面转化和对立面的联结。这就是一种高级的创造性思维——"两面神"思维。

一、两面神思维

三十多年前，美国精神病学家 A·卢森堡在调查访问了许多有创造性成就的人后，借用古罗马神话中的隐喻，最早提出了"两面神思维"的概念。两面神是罗马的门神，它有两个面孔，一个是哭的，一个是笑的，能同时转向两个相反的方向。卢森堡借用这个隐喻来说明思维的一种特殊的创造性是相当贴切的。卢森堡说："两面神思维所指的，是同时积极地构想出两个或更多并存的概念、思想或印象。在表现违反逻辑或者反自然法则的情况下，具有创造力的人物制定了两个或更多并存和同时起作用的相反物或对立面，而这样的表述产生了完整的概念、印象和创造。

1. 相反相成

处于一体，保持一种必要的张力和平衡，而且能适时地相互转化，使事物同时具有两种对立的性质，能在两种极限的条件和状态下相继发挥作用，以这种思路进行研究和设计，能创造最科学的理论体系，产生最符合自然本性的、最经济的设计方案。

有正向思维，就有逆向思维；有逆向思维，就有正向思维。只不过相对于逆向来说，正向太普通，太经常，反而不被人所觉察了，事实是，对立面的相互依存客观存在，这就是相反相成。

思维从正向到逆向，从逆向到正向，具有一般的含义，所有对立面的相互转化，都含有正向逆向转化的意思。如果把想"剪开"作为正向考虑的话，再想到"缝合"，就是逆向的考虑，反之亦然。对立的事物或属性不仅相互转化，还相互渗透和相互补充，这就是相辅相成。中国古代的思想家老子认为，相对立的概念是通过人主观比较而产生的。"天下皆知美之为美，斯恶已；皆知善之为善，斯不善已。故有、无相生，难、易相成，长、短相形，高、下相倾，音、声相和，前、后相随。"

除了老子指出的主观辩证法外，对立事物的相反相成，就体现在客观的运动和联系中。如开关，没有开就没有关，只开不关，就没有下一次的开；同样，如果升降机只能升，不能降，就没有下一次的升，升就不能实现。在老子看来，对立面的相互联结，通过相互补充，保持适度，达到平衡，是最佳的状态。"曲则全，枉则直，洼则盈，敝则新，少则得，多则惑。""天之道，其犹张弓乎？高者抑之，下者举之，有馀者操作之，不足者补之。"在掌握度的过程中提示了事物属性的互补。

中国传统建筑中，虚实相生、抑扬互补的空间变化，正是老子辩证思想的体现。以北京故宫中轴线上的空间序列为例。过大清门，千步廊夹峙出狭长的纵向空间，到天安门前，扩展成宽阔的横向空间，为天安门提供了非同一般的门庭气势；过天安门、端门，又一狭长的纵向空间，营造出午门的肃杀与威严气氛；进入午门，是太和门前较为开阔的大尺度庭院，这里成功地将午门的威严气概转换成宫内院的恢宏气氛，并为进入宫城的核心——太和殿主庭作最后的铺垫；过太和门，巨大的广场的前方，三大殿在蓝天的映衬下，巍峨雄伟，真正体现了"非壮丽无以重威"的皇权气概。在这条轴线上，虚与实、抑与扬交替出现，互为对比。

2. 相辅相成

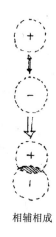

相辅相成

对立面有意地将两个或多个对立面联系在一起，对立的性质不仅不起破坏作用反而起建设性作用，相互补充，相互弥补，打破了单方面性质的限制，可以发现事物新的功能和作用。

如果只有"剪开"没有"缝合"，做衣服就会变得很困难。然而，只要缝合作为剪开的补充，裁缝就会放手去工作。对立的事物或属性不仅相互转化，还相互渗透和相互补充，这就是相辅相成。有的事物同时具有两路矛盾对立的属性，能够适时地相互转化。它们和平共处，相互渗透，相互扶持，相得益彰。甚至有些设施和概念本身就是两路对立的属性结合在一起的，如给排水专业、冷暖机、裁缝、装卸工，等等。因此，有的相辅相成就发生在事物的内部。

对立事物的结合预示着矛盾，而且是自相矛盾。在建筑设计中，碰到矛盾对立的现象，往往预示着将会有新的突破。有人曾在无意中听到物理学家玻尔在处理难题时说："我们碰到自相矛盾的问题，真是棒极了，现在我们有希望获得一些进展了。"罗杰·冯·伊区评价说，玻尔了解自相矛盾在创造性思考过程中的重要性。因为它能同时容纳两种不同，甚至是对立的见解，会刺激人们走出狭隘的思想轨道，迫使人们对假设发生疑问，从而带来设计上的重大突破。

维诺尼（Rafael Vinly）设计的日本东京国际广场，以一个梭形的"玻璃香蕉"和四栋坚实的厅堂建筑组合，构成"虚"与"实"的效果。"玻璃香蕉"晶莹剔透、轻快雅致的形态，与四幢厅堂的端庄稳重形成对比，又共同创造出一种和谐怡人、温馨明朗的交流气氛。与北京故宫空间的虚实交替不同，这里是虚实同时出现，相辅相成。

二、符号隐喻类比法

1. 隐喻和符号象征

隐喻是一种表达出来的或暗含的比较。由于这种比较在操作中持游戏的态度，忽略事物不相似的地方，容忍不相关的事物的联系，往往产生全新的结果，故可以同时引起智力上的启发和感情上的激动。因为创造就是要摆脱常规的束缚，需要学会突破思维习惯，违背已有的规范，所以隐喻在创造中能起到一般的逻辑思维起不了的作用。

语言是"陈旧的隐喻的巨大储藏库"。我们平时常使用它们，如流水账、桌子腿、市场泛滥、跳槽等。隐喻符号象征是利用语言、词和概念这座"储藏库"进行比喻。通过玩弄概念，能做到把表面不相关的、甚至是矛盾的东西生拉硬扯在一起，这种容忍导致新看法的产生。

2. 浓缩矛盾

"浓缩矛盾"（Compressed Conflict）或称"简约反差"，即用精炼的、紧凑的、利落的语言形式去表达相互对立、矛盾的属性。比如"粗心的担忧"、"痛苦的微笑"、"笔直的弯曲"、"摇摆的稳定"等等。莎士比亚在一幕悲剧中使用了短语"被俘虏的胜利者"以描写一个靠魔鬼帮助取胜的人，是自己罪恶的俘虏。

我们可以用"对称的非对称"来形容文丘里的"母亲住宅"。他用两片斜坡屋顶、山墙的开口及其门上方的一弯弧线，表现出传统建筑所具有的对称性和严谨性，但入口门的开启、中轴两侧的窗的形式却采用了非对称的手法。这样，对称和非对称同时出现，表达了一种文化情绪上的模糊性。最为幽默的是视觉中心上的烟囱的出烟口故意偏离中轴线，从而强化了文丘里关于"建筑矛盾性"的理念。这里对称与非对称的综合运用，既保留了传统住宅庄严沉稳的庇护性意识，又突出了亲切的家的现代生活归属感，同时在形象上冲击了人们对构图法则的惯性思维，为建筑形态设计提供了新思路。

同样，我们可以用"现代的古典"来形容格雷夫斯、斯特林等人的后现代建筑作品，用"杂乱的统一"来形容盖里、屈米等人的解构主义作品等。

3. 符号类比法

符号类比法就是通过逆向思考、浓缩矛盾等技巧，在抽象的语言（符号）与具体的事物之间的反复建立新联系，从而从原有的观点中超脱出来，得到丰富、新颖的主意的一种方法。

（1）浓缩矛盾的技巧

矛盾就是指对立的事物和概念，如冰雪和火山，冷酷和热情。浓缩是指抽象的概念、词语、符号。符号类比中的"浓缩矛盾"

(Compressed Conflict)或称"简约反差"。即用精炼的、紧凑的、利落的语言形式去表达相互对立的、矛盾的属性。比如，"粗心的担忧"、"痛苦的微笑"、"笔直的弯曲"、"摇摆的稳定"，等等。

科学家们使用浓缩矛盾的方法"安全攻击"，给法国科学家巴士德(Pasteur)一个启发，他通过给病人注入少量的病菌去阻止病人的病情恶化，因为人体会变得适应那些病菌。用小病去替代死亡，这就是"安全攻击"。

在建筑领域，格雷夫斯即善于借用双项对立的基本原理，将一事物的含义视作为与它事物相对立的产物。成对的概念也始终贯穿于其作品中，如水平面与垂直面的对立象征着设计者有关设计原则与使用者需求间的矛盾；用内与外的对立代表使用者的实际使用与他人对该建筑阅读与理解间的对立等等。格雷夫斯所要表现的并非建筑某部位本身，而是通过该部位去体现与之相关、对立的事物，展示相互间的关系。

掌握浓缩矛盾的技巧有什么重要的意义呢？那就是学会一种两面神思维方式，去解决复杂的问题。这其中，大量运用了相反相成和相辅相成的原理。

这种浓缩矛盾的基础训练从两个方面展开。

从抽象概念到具体事物。训练从浓缩的矛盾的词意中联想具体的事物。一个缩简的自相矛盾的词能描述不只一个事物。例如，"庞大的精确"能形容一头大象用鼻子捡起一粒花生。同样的词，又能形容一架巨大的电视接收系统或一台大型电脑。这完全决定于人们自己的大脑如何去想像它。

从具体事物到抽象概念。训练由具体的事物概括出一个矛盾短句。用矛盾短语概括事物的方法，是先找一个词，概括你要解决的问题，再寻找这个词的反义词，把它们组合在一起。如你要解决的发明开罐头的工具，把它概括为"开"，然后找到它的反义词"关"，把"开与关"联系在一起就构成了矛盾短语。

基础练习之后，运用两种技巧解决问题。首先，玩弄词句，用矛盾短语概括要解决的问题；受这个矛盾短语的启发，联想到其他具有这种对立性质的事物；通过大量列举，发现有价值的对象，借助其原理，产生直接类比，形成新的解题方案。整个过程是以符号(主要是语言符号)为中介的类比，因此叫符号类比法。

在设计中我们如果有意识地运用这种矛盾词语组合的"符号类比"方法，一定会开阔思路，独辟蹊径的。

(2)符号类比的创造机制

摆弄词组只所以能够产生新的设想，就是因为语言本身也是一个"陈旧的隐喻"的巨大贮藏库。它的丰富的内涵可以通过各种方式得到扩展和挖掘。例如英文"电"这个词就来源于古希腊文琥珀。因为电的首次产生是同皮毛与琥珀的摩擦相联系的。19 世纪电磁理论的发展及电力技术的运用，又使电这个词包括了震颤或激起麻感的含义。所以，只要我们仔细琢磨每个词意的来历，就会有许多深藏的东西可供发挥。

两面神思维是符号类比的另一个创造机制。对立事物的结合预示着矛盾，而且是自相矛盾。在科学研究中，碰到这种矛盾对立的现象，往往预示着将会有新的突破。

自相矛盾在创造性思考过程中具有重要作用，因为它能同时容纳两种不同、甚至是对立的见解。实际上，正是这种情况会刺激人们走出狭隘的思维轨道，迫使人们对已有的假设产生怀疑，从而经常会带来科学上的重大突破。

下面举例说明运用符号类比法，创造新的建筑房屋和架桥的方法，并探讨将原理运用于建筑设计中。

第一步，什么动物、植物会建屋架桥？

第二步，分析它们建屋架桥的方法。

第三步，用对立矛盾的词来形容这一过程。

第四步，选择其中一组词，由这组词产生新的联想，还有什么事物符合这组词所描写的状态。

第五步，运用动植物的这一原理，发明一种新的房屋或桥梁。大胆运用，不要怕荒唐。

第六步，修改、完善设想，使设想变得可行。

A. 伸缩屋

①第一步，想到非洲和澳洲的白蚁，能用泥土筑成几米高的塔形的巢。

②第二步，它们建屋架桥的方法：白蚁先堆起两根下粗上细的泥柱，再推动泥柱的顶端，使两个柱头粘在一起，如此反复工作，便堆成一个大土堆，再把土堆加高，就成了塔。泥柱连接后成拱形结构，符合力学原理，负荷量大，结实。

③第三步，由泥土的特点和建成后的拱形结构的特点想到：柔软的坚硬；由泥柱连接前后的特点想到：直立的弯曲。

④第四步，选择"柔软的坚硬"，由此联想到软体动物的触角，虽然很柔软却不易受到伤害，原因在于受攻击时，触角能很快地收缩；安全时，又能伸出来。

⑤第五步，运用动植物的这一原理，发明一种类似天线那样的可收缩式房屋。由数节渐次变细的钢管和配件连在一起，不用时可收缩。

⑥第六步，修改、完善设想。考虑到建屋的过程可能横向展开，

也可以纵向展开，设计能与主体结构连接的墙板和楼板的相应部件。收缩屋作为一种可移动式建筑，是固定式建筑的补充，既可独立，也可附加在固定式建筑上，因此，还要考虑固定方式和连接方式的设计。

⑦第七步，画出图并建造模型。

　B. 汽车桥

①第一步，联想到猴桥，众多猴子互相抱紧了，从一棵树到另一棵树，那么由一个猴子来采集树冠边的水果时，就可便利地享受水果。

②第二步，这种桥的诀窍在于每个猴子用自己身体的拉力和扭力来形成一个悬索结构的桥梁。

③第三步，用矛盾的词来描述这种桥，就是"费劲的便利"，猴子搭桥很费劲，但采水果很便利。

④第四步，通过"费劲的便利"想到更多同时具有这样对立性质的事物：驯养信鸽(驯养信鸽的费劲和信鸽能送信后得到的便利)；鲸鱼捕食(张开大嘴巴费劲地等待食物的到来，突然闭上嘴巴，就便利地得到了大量食物)；多米诺骨牌(费劲地搭起后，轻轻地一碰就一下子全倒了)。

⑤第五步，由上述事物想到发明一种汽车桥。

在各辆汽车前后都装上凹凸装置，能使很多车连成一条长龙，具有不弯曲、不打折的整体效果。这样在过河和过洼地时，就由后面轮子着地的汽车来推动前面的汽车。前面的汽车到了彼岸后，又用拉力把后面的汽车拉过去。

⑥第六步，修改设想。

⑦第七步，把设想画出来或做出模型。

经过这样的有意识的训练，思维的创造性肯定会得到提高。

　C. 从具体到抽象

你自己造一个矛盾短句去形容一只老虎。首先想像你是一只大老虎在丛林中寻猎。你没出一点声音，悄悄地接近你的晚餐——一头个头跟你相仿的羚羊。然后你猛扑上去杀死它！

什么字可以形容你像一只捕猎的老虎？

再想像你是那只老虎，你的每条神经都那么专注，以至于你甚至没有注意到附近一个拿着猎枪的猎手。

什么字可以形容你如这只被捕猎的虎？

现在把这两个字放在一起组成一个短句，即矛盾短句形容你为一只虎时的情形。

这个矛盾短句也许并不像你期望的那样对立。你可以改变、更换短句中的字，如果新的字更合适。直到你认为两个字确实互相对立。

练习 1 　从抽象到具体

"健康的毒药"是一个矛盾短句，它能形容什么？"笔直的扭曲"能形容什么东西？"娇弱的盔甲"能形容什么动物？"摇摆的稳定"能形容什么动物？

练习 2 　运用符号类比法发明一个新式的笔。

练习 3

格雷夫斯 1967 年设计的汉索曼住宅（建于 Fort Wayne, Indiana, 1967)，使用了一个"疏松"、一个"密实"的两个正方形，这个充满矛盾的隐喻手法，让人产生无数的联想，如下面所列：

虚体——实体
开启——封闭
入口——居住
礼仪——实用
安静——喧哗
公共——秘密
抽象——有形
瞬间——连续
临时——长久
运动——静止

请从中任选一对矛盾短语，作为广场设计的主要立意，按照符号隐喻类比法的思考程序，提出一个广场设计的构思。

如选择"瞬间——连续"，就给自己制定一个题目，设计一个体现瞬间和连续的广场。

第一步，什么事物能体现出瞬间和连续？

第二步，具体原理和表现是什么？

第三步，选择一事物，应用这个原理到广场设计中。

第四步，完善它。

第五步，画图和制作模型。

第三篇 建筑设计与创造性
解决问题训练

　　谈到建筑设计过程，无论是教设计的老师，还是设计事务所的建筑师，他们的描述几乎是相似的，从分析设计条件到确立设计准则……以至最终到传达设计答案，每个设计都是按此过程进行的，这个设计程序已慢慢地、自然地融于设计者的思维模式中。学生从开始接触设计就已按此程序和步骤规范其设计行为，一般都是从一草环境分析、总平面布局，二草平面功能确定、流线组织以及到三草发展细部、方案表现。建筑设计按此程序，一步一步地做下去，总可以得到一个设计结果。那么，真正的设计就是这样进行的吗？设计的本质是什么呢？"几草"不是关键，那么关键是什么呢？

　　我们经常会听到这样一句话："建筑设计是一个求解过程。"何谓求解过程？求解过程就是解决问题的一个过程。上中学时，学数学要解题，将已知条件带入一公式推导出未知数，这叫求解。那么，建筑设计求解过程如何理解呢？比如说我们要设计一个小学校(泛泛而言)，面对已知条件，如学校基地情况、周围环境，和甲方设计要求，如多少教室、多少实验室、多少办公室等等，我们的设计就是在分析已知条件的基础上，去解决如何安排教室位置、教室与操场关系、教室与办公室位置关系，学校流线组织等等问题，就如同数学解题利用的推导公式、定理一样，我们将这些问题依附于一种空间组织形式，最终形成相应设计方案。在这个过程中，都是设计主体，即人，与客体，即需要解决的问题之间的周旋，实际上真正的设计过程是设计主体从发现问题到解决问题，直到最终构思表达、图纸表现的一个思考过程。问题是设计的出发点，解决问题的途径形成设计的总体思路。

　　我们借用数学解题概念是因为数学解题与建筑设计求解思路是一样的，但有一显著不同在于，数学解题只有一个正确答案，建筑设计无惟一答案，只要按前面提出的设计程序进行设计，最终可获一个设计结果，这个结果只有相对好与坏之别。好与坏结果的评价由什么决定的呢？为什么大师的设计作品就多是好的呢？建筑设计是一种创作，大师的建筑作品往往有与众不同的创新与特色，大师善于运用创造性思维去解决设计问题。那么，若以解决设计问题是否体现创造性作为判别标准，这则涉及到了设计的本质。切入问题角度有无新意，解决问题的手法有无创造性，这些决定了最终作品的好与坏。

　　建筑设计是设计主体对设计问题的思考，是创造性地寻求解题思路、解题途径的过程。

本篇是以设计问题为目标主线，按照设计主体的思维过程，针对发现问题、解决问题、构思表达与表现三个阶段探讨建筑设计过程中创造性解决问题的方法、策略及要点。

这里有必要提一下，一般从设计者构思思考角度出发，设计过程主要有三个阶段，前期准备、构思阶段、构思表达阶段，我们现在是以问题为目标载体，所以在这篇中是按问题的发现、确定、解决、表达的顺序进行论述，有些设计思考并未按什么前期准备、构思、表达展开，而是被归结到发现问题或解决问题之列。比如，设计者前期准备工作就作为发现问题的基础列入发现问题的内容之中。

本篇主要有三章内容：第八章，发现问题的策略；第九章，解决问题方法；第十章，构思表达与表现。

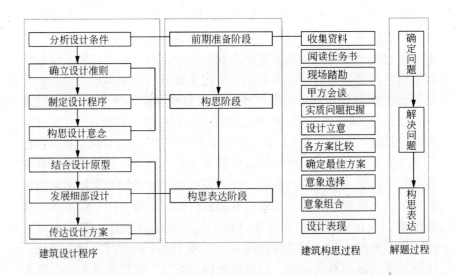

第八章 发现和确定问题的策略

常言说，发现问题就意味着问题解决了一半，足见发现问题对创造的产生有多么重要。爱因斯坦曾精辟地指出："提出问题比解决问题更重要，因为后者仅仅是方法和实验的过程，而指出问题则找到问题的关键、要点。"设计问题很多，我们必须确定问题，而有时由于设计问题复杂或经验不足等等原因，在设计过程中往往要重新审视、重新确定问题。这一章节主要论述在构思阶段中的发现问题、确定问题及重新审视问题的策略和方法。

第一节 发现问题

问题不同，设计也不同，在实际设计中有些人不善于发现问题，有些人发现的问题导致的设计结果不符合甲方要求，或不是主要问题，这就需要运用一定的方法和策略去挑出问题。

初学设计的人会发生疑问："发现问题？建筑设计的问题还用发现吗？问题不是明摆着的吗？如果让我们设计一办公楼，这个设计题目不就是要解决的问题吗"？此话有些道理。但是如果深入考察一下设计过程，也许就有不同的理解。

美国某大学建筑系的学生参加的大学生设计竞赛题目是设计州办公大楼。

第一小组以确定办公楼本身的环境设计要求作为开始思考的切入点。他们对办公位置的考查做了一个调查报告，草拟了一个"典型结构布局"的设计草图(图 8-1)，图中标明了主要建筑结构和服务系统，提供了遮蔽、畅通、舒适明亮、各自独立的空间，有很强的环境适应性。

第二个小组认为办公楼本身并不重要，他们把注意力放

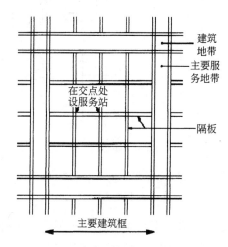

图 8-1 美国大学生竞赛州立办公楼方案一

157

在建筑物所在地的某些更显著的特点上。他们注意到设计说明书上谈到，"办公楼不应给纳税者一种冷漠的感觉"。以此为切入点，他们设计了绿荫覆盖的办公楼(图8-2)，一条两边种满鲜花的小径穿过办公楼，在心理上拉近行政机关与普通纳税者的距离。他们还在办公楼的另一面斜坡上种上一排树，隔开来自繁华闹市的噪音。在办公楼中他们设计了各种不同的单元，根据不同的需要进行调整配备。

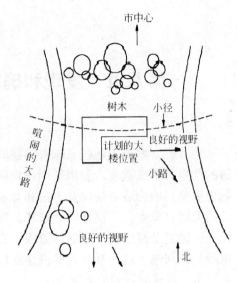

图 8-2　美国大学生竞赛州立办公楼
方案二

　　第三小组的注意力不是放在来访者上，而是放在办公楼的使用者身上。他们分析了一些失败的设计是因为只注重建筑的形式，建筑物有着大而华丽的正立面，内部结构却是一团乱麻，易识别性很差，人们总是找错地方。所以，他们的设计着眼于整体的组织结构，在此基础上再提出建筑的形式。建筑的每一单元都有着明确的意义，轮廓分明地结合起来，并用中央入口处的空间系统加以联结(图8-3)。

　　上面三个方案，究竟哪个更好，很难评价，要想说出哪个是正确的，哪个是错误的则更为困难。

　　为什么同一个题目会有不同的解答呢？因为他们有不同的立意与构思。那么立意与构思从何而来呢？源于他们对问题的不同理解。

　　在第一小组成员眼中问题是：如何解决办公楼工作条件的有效控制。

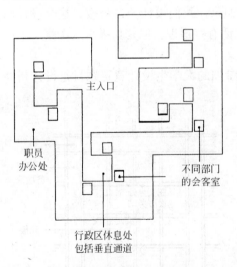

图 8-3　美国大学生竞赛州立
办公楼方案三

在第二小组成员眼中问题是：如何解决办公楼的亲切感。

第三小组要解决的问题又集中在：根据人的行为和环境认知的心

理规律来组织办公楼内部空间。

可以说，对建筑设计题目的"重新表述"，就是我们所说的发现问题与确定问题，确定问题重点不同，切入点不同，方案也就不同。

不像自然科学解决问题，结果具有惟一性。建筑设计的解题，方案是多解的。因此，发现问题和确定问题具有特殊含义，这与设计者的主观理念和把握，关系十分密切。在某种程度可以说，设计水平的高低，往往也取决于设计者眼力的高低，及对"设计问题"理解的深入和肤浅。

建筑设计中发现问题亦即确定了设计的方向，设计无惟一答案，有什么样的问题提出就顺应有什么样的设计结果。例如，学生做一高层住宅设计，有的同学发现高层住宅中人际关系冷漠是最大问题，于是设计入口层通高共享空间；有的同学认为北方住宅朝向是很重要的问题，为保证每户有南向采光，设计成蝶形平面……等等。

一、发现问题的基础

在发现问题之前，我们必须对设计项目建立一个总体认识，从各方面获取大量信息，储存在头脑之中。这是发现问题的基础，"灵感从不青睐没有准备的大脑"。构思前往往需要将设计条件吃透，将设计原理熟悉一遍等等工作。

1. 现场踏勘

现场踏勘，对学生来说是相当熟悉的，每个设计题目出来之后，第一项任务就是现场踏勘、参观调研。

现场踏勘主要是获得两方面的信息。一方面是物理环境，指基地地理环境、地形、地貌、气候特征，这些是我们在设计中必须掌握的。这些可能会影响到建筑朝向、开窗形式，甚至各部分功能布局；另一方面是人文环境、建筑文脉，主要指建筑所处的环境关系，周围环境情况，是历史文物保护区，还是现代城市区，是商业区还是住宅区等等，这些往往确定建筑的外显性格特征。本书第二章特别介绍了观察和构绘以及如何获得全新观察的方法，在现场踏勘时，有意识运用这些方法感知事物，捕捉新鲜感觉，对把握全局至关重要。这一阶段又熟称"我感觉"。

当年贝聿铭在受到密特朗总统的邀请，设计卢浮宫的扩建工程时，他答复要四个月去准备。这期间，贝氏不定期地去巴黎，每次逗留七到十天，通过对卢浮宫的亲身体验来找出解决问题的关键，最终设计出举世瞩目的玻璃金字塔。

现场踏勘决不能简简单单地走个过场，去过现场，这项任务就算完成，应该是有意识地把现场所看到的感性的东西转换成理性的理解，这很重要，这就要求在现场踏勘时一方面要通过有效手段如速写、拍照、录像等手段记录整体感性认识；另一方面通过绘制相应的分析图获得对理性的理解，比如现状人流、车流组织图，周围建筑关系图等等。

2. 收集资料

现场踏勘是对设计项目建立感性认识，收集资料可以说是形成设计方案的理论基础。研究相关规范，翻阅设计资料集、设计手册，了解同类建筑的设计原理也是发现问题有效的准备。

赖特在设计日本帝国饭店前，考虑日本是多地震国家，为确保不受地震的侵害曾用了数月的时间去研究地震和震害的特点及规律，使得帝国饭店成为 1923 年东京有史以来最大地震后的幸存建筑之一。

某建筑师，在设计某军俱乐部时，前期曾花相当长的时间研究剧场设计的基本原理。正是由于对此的掌握，最终的设计既为甲方节约了投资，也在空间塑造上形成了自己的特色。考虑到部队联欢的特殊情况，观众看台设计成双侧跌落式，一直跌落到台口，使舞台、楼座、池座浑然一体，上上下下空间效果比较好(图 8-4)。

图 8-4　某军俱乐部剧场室内空间

3. 日常积累

这里我们特别强调日常积累，注意日常积累很重要。建筑学是一个综合性很强的学科，随着它的发展，它的外延也在不断扩大，要想做好建筑，就得理解建筑，就得靠平时不断观察、分析、学习形成一定的建筑观念来指导设计，建筑形体的创作更是得靠平时多观察、多画、多记而形成自己独特的建筑语汇。俗话说，处处留心皆学问，平时多进行观察思考、进行知识积累，在设计时会很快发现问题，对问题认识的程度、角度都会成熟、独特。

日常观察、积累涉及范围广泛，内容庞杂，建议学生建立专门分类收集文件本，选择可抽取单页 A₄ 纸的文件本，分门别类按不同建筑类型进行资料收集。

4. 积极有意识的思考

上面我们已谈到现场踏勘决不是走过场，实际上在构思前期准备阶段，积极、有意识的思维是很重要的，不能草草了事，不能当作是一种负担，创作需要激情，设计主体要以极大的热情尽可能多地收集资料与信息并在各种资料、信息的碰撞中引发对项目的总体认识。正如德国心理学家和美学家玛克斯·德索所描述的那样："模糊和无序是这个阶段的特征，一切都是不确定的，各种各样的。创作者似乎已经从远处听到了微弱的声音，然而仍然不能推测这声音的含意，但他从微小的迹象中窥见了一种，一系列远景展现出来，就像梦幻世界那么广阔，那么丰富。"

积极、有热情的思考所带来的是如同"梦幻世界那么广阔"的感性认识，它同时也需要借助理性的分析、归纳、综合，才能从大量的信息资料中发现有价值的东西。在前期有限的准备时间内有意识地综合信息，有重点地整理收集的资料对提出问题、发现问题是非常有效的一种途径。

练习1　选择自己校园内的或本地其他院校的大学生活动中心（或其他活动中心）建筑，重新进行设计。依次做下列工作：

（1）现场踏勘：了解基地的环境与周围历史文脉情况。

①基地自然环境（总体位置、夏季主导风向、基地内是否有树、植物是在何种状态）；

②周围环境（有无历史文物建筑，是否是新建筑，周围建筑的颜色、材质等等）；

③交通状况（主要的人流方向、车流方向）；

④调查提问（周围的人们对此建筑的需求情况；对现有建筑存在的问题；人们心中的期望）。

以上情况必须附以照片、速写等图示的形式完成。

（2）收集资料：掌握相类似建筑的设计思路、设计规范。

①此类建筑设计规范；

②相类似建筑的设计实例（设计思路、设计立意，建筑的功能组织、交通组织，建筑材质等等）；

（3）积极思考，提出设计的新角度。

①从环境角度（原自然环境好，为保持原生态环境，从不破坏环境的角度出发，提出生态建筑的设计思路；周围有历史文化建筑，为延续地区历史文化，从建筑文脉的角度提出设计思路等等……）；

②从空间角度（可从大学生的生活、学习方式中，确定活动中心

的空间组织方式：可能是大的开放空间，可能是多功能灵活的可分可合的空间，可能是线性可持续发展的空间、可能是多元化、个性空间……）；

③从体现大学生特点角度（大学生充满朝气、青春、开放、自信、富有个性……，不同类型的学校又有不同的特点，体育院校学生健康、阳光；艺术院校学生灵气、个性；综合性大学的学生开放、智慧……）。

以上提供一些设计角度进行参考，设计者根据自己的实际情况还可以有更大的发挥。

二、有助于问题显现的方法

不同的人捕捉问题的能力不同，有的人对问题十分敏感，无论是现场踏勘，还是收集资料，都会发现触动灵感的素材；也有的人对有用的信息麻木不仁、无动于衷。不同的人捕捉问题的途径和方法也不同。有的人凭直觉感性地从现场环境中就感悟到一个关键点，由此切入问题，很少再受其他信息的干扰。也有的人，习惯于从一大堆信息中寻找思路，整理问题。

那么，下面这些有助于问题显现的方法将帮助你理清线索。

1. 5W1H 法

5W1H 法是美国陆军首创的提问方法，是一种通过问做什么（what）、何人（who）、何时（when）、什么地方（where）、为什么（why）和如何（how）六个方面的提问，从而发现问题的方法。

在设计中，如果原有的想法不理想，需要转换思考的角度，重新再做时，可用 5W1H 法来发现问题究竟出在哪里。具体使用 5W1H 法时，先对原来的思考角度和原始方案进行六个方面的提问，如果六个问题中有哪一个答复不令人满意，就试着改变它。

清华大学新建校园主楼前新区广场（图 8-5）建成后，并未按设计者愿望在此形成主要场所，为什么会这样呢？某建筑师通过调研，运用 5W 法进行考察，即：什么活动（what）、什么人（who）、什么地方（where）、什么时候（when）、为什么（why）。通过访谈及问卷调查之后，发现 where、what、who 三方面有问题。

首先，where？什么地方？广场位于新区中心，但由于同学们普遍感觉从宿舍到新区教学楼的距离太远，有 86.6% 的同学希望步行从宿舍 5 分钟能到教室，而实际上走到新区通常要用到 15 分钟之多。同时，93.3% 的同学认为，反映清华特色的校园中心仍然是以大礼堂为核心的老中心区，认为过多的礼仪性并不符合大学校园应有的性格特征。可见，新区广场作为一个校园的功能区实体，在校园总体空间格局上的偏离直接影响了师生人群对该广场空间的使用。

其次，what？什么活动？从调研中发现，广场内的活动以穿行的非机动车交通为主，步行人群行色匆匆，很少有游赏、驻足、休息的活动。围绕广场呈一一对称排列的四个教学楼的主入口均面向广场，

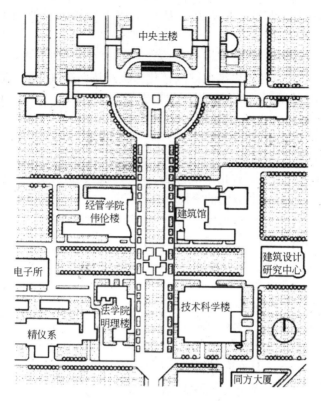

图 8-5 清华大学新建校园主楼前新区广场平面

建筑馆、技术科学楼入口处人流集中且有大量的自行车停放，而伟伦楼和明理楼入口处则相对冷清(图 8-6)，这说明师生对中轴对称的广场空间在使用上并不平衡。

第三，who？什么人？什么人在此活动？由于广场位于校园东南部，其主要人流来自西北向的学生及教工，师生自然选择了

图 8-6 清华大学新建校园主楼前新区广场建筑

163

广场向西的出入口，抄近路，从而造成了广场本身使用上的不均衡。

在创造学中，常运用缺点列举法去发现问题，即将暴露出的缺点罗列出来或运用逆向思维把缺点转化为优点从而解决问题。这些方法都与 5W1H 法的思路类似，运用起来也相当灵活。

练习 2

(1)图 8-7(a)、(b)为原上海人民广场，请用 5W1H 法分析原人民广场存在的问题，提出解决方法，对应现已改造后的人民广场（图 8-7c）验证自己对此方法的掌握。

1）Where——上海人民广场位于上海什么地方？

2）What——原广场主要有什么活动？

存在什么问题？Why——为什么？

How——怎么解决？

3）Who——什么人在此活动？

存在什么问题？Why—为什么？

How——怎么解决？

4）When——什么时候活动？

有什么问题？Why——为什么？

How——怎么解决？

(2)选择本地一商场，试用 5W1H 法分析商场各楼层的布置是否合理？提出解决办法。

1）Where 与 What——首先罗列出各层出售何种商品。

2）Who 与 How——各层购买人群与如何购买？（什么人购买，购买是否方便；是有目的购买，还是随机购买？）

3）When——各层购买时间？（什么时候购买人最多，什么时候最少？）

4）分析各楼层商品布置现有什么问题？Why——为什么？

5）How——怎么解决？

2. 约束条件列举法

在建筑设计中，往往会存在一定的限制因素或约束条件，可能是功能上的、环境上的，也可能是业主方面的。约束条件是实实在在的影响因素，它往往很自然地成为问题的核心和焦点，并进而发展成为解决问题的主要方向。在设计过程中，有的限制条件是很外显的，而有些是内在的，必须通过分析来获得，将约束条件罗列出来，从而确定主要问题，是发现问题的有效方法。

某建筑师在设计鞍山国际大酒店时，首先就将环境因素作为限制条件挑选出来，因为大酒店坐落在景色优美的自然风光中，如何使建

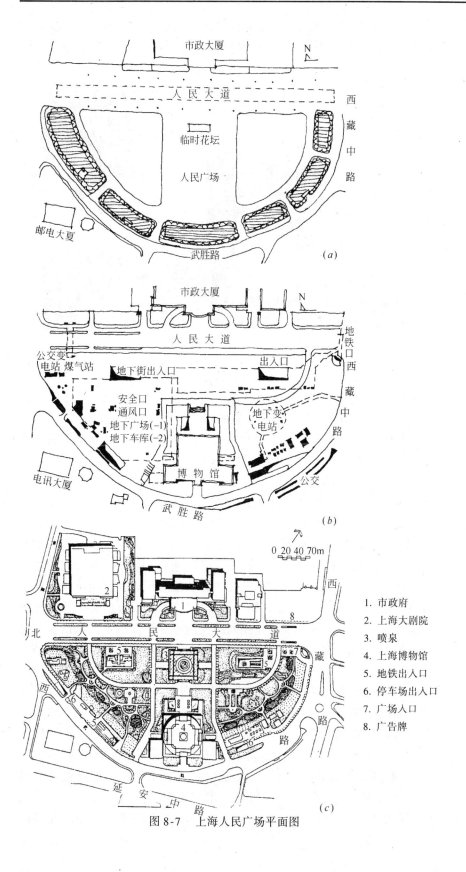

图 8-7 上海人民广场平面图

1. 市政府
2. 上海大剧院
3. 喷泉
4. 上海博物馆
5. 地铁出入口
6. 停车场出入口
7. 广场入口
8. 广告牌

筑物不对环境造成破坏成为他的构思焦点，最终建筑形体上的创造、平面的组织、建筑材料的选择都是由环境这一制约因素而引发形成的（图8-8）。

图 8-8　鞍山国际大酒店

约束条件列举法在使用时需要注意的一个主要问题是，所列举的约束条件不都是设计所要着重解决的问题，需要把约束条件排队，依据其重要程度来决定设计方案的取向。

在建筑设计时，经常遇到的约束条件有功能上的、环境上的、业主意愿、文化上的、美学上的等等。

从功能着手列举所有需要满足的现实需求是初学者的第一课。对功能进行深入的分析研究，抓住其中某个重要的环节（不管是主要功能还是次要功能，或严格要求的与非严格要求的功能等），予以不同寻常的利用，常常是创造有鲜明个性的建筑形象的保证。一般说来，主要功能的要求是严格的，也是机械的，必须绝对满足；次要功能的要求则不甚严格，常富于弹性。在设计中，功能对构思的影响可以依设计者对功能的熟悉程度而有不同的表现。一个重复设计同类型建筑物的建筑师，往往会对该建筑的功能问题视而不见，而一个从来没有接触过该类型建筑的建筑师，要让他很高明地利用功能要素，恐怕也是很困难的。

业主意愿的列举，有的与功能方面的约束条件重合，但也有特殊方面的，如造型风格和理念的要求。对于学生而言，一般的课程设计有时很难受到甲方的限制，但实际工程中，业主对建筑创作的影响是巨大的。这是建筑艺术与其他艺术不同的所在，讲明白一点，就是所谓的自主权问题。文学也好，音乐也好，绘画也好，其创作的自主权毫无疑问地掌握在艺术家手中，建筑师则不然。建筑师创作的作品有时很大程度上取决于业主的需求（尤其在商品经济社会，以买方为主的背景下）。学生在对业主的意愿的理解与把握上经常会迷失自己，当然这与经验有关，从毕业设计的实践中，我们可以看到这一点，尤其是真题设计，学生要不就是完全听从甲方的要求不顾设计的标准，要不就完全不管甲方的意见，凭借自己主观的喜好，这两种方法都是过于偏激的行为，正确的则是应在充分了解业主意愿的同时，把它作为一个新的"问题表述"，就会激发你去思考它，最终解决它。

下面举例说明该方法的应用：用约束条件列举法分析安藤忠雄设计的住吉长屋。

（1）住吉长屋的限制条件：①基地非常狭窄；②施工困难，要保证两边房屋的结构稳定；③平面三等分，中间有一庭院。

（2）确定主要问题。建筑庭院提供了一种与自然的接触，并揭示出自然的各个方面，是住宅的中心。

（3）设计思路。强调人经由建筑与自然对话，通过中庭空间领略气候与季节的变化。

（4）具体做法：①保留原庭院，将其作为住宅中心，让居住其中的人感受自然、阳光、空气；②由庭院组织各空间，保证各空间有良好的采光与通风；③住宅两端狭窄的开间以混凝土墙躲避城市喧嚣，同时突出建筑的庭院空间；④使用自然材料与人接触。

练习3 参照上面的格式，用约束条件列举法分析国家大剧院工程的约束条件。

3. 逐渐发现问题法

解决问题的基本特点是，问题常常不能自然地显现出来，必须去有意识地发现问题。而且发现问题必须经历一个过程，简言之，设计是一个不断发现问题，不断解决问题的过程。

发现问题有两种含义，一种是过程的循环往复，决定了发现问题的循环性，另一种是随着旧矛盾不断被解决，新矛盾新问题又产生。

设计过程的循环

发现问题 → 确定问题 → 提出解答 → 发现新的矛盾 → 产生新的构思 → 评价

解决问题的另一模式

某青年建筑师在设计天津师范大学艺术学院艺体楼时碰到了一个难以解决的难题。艺术体育教学楼用地紧张，6000m² 的建筑面积却要容纳体育馆、报告厅、展厅、训练房、画房、普通教室、办公室、会客室等诸多性质的使用空间(图8-9，图8-10)。

在设计伊始，他根据建筑面积和用地的约束，确定建筑物体量的基本构成为一个六层高的长板形体量、一个约200人的报告厅的体量和一个35m×35m的扁形体量，然而如何组织它们之间的相互关系，创造出良好的室内外空间呢？他决定对基地环境进行反复考查，终于悟出了一个解决问题的方向——新建筑要在与现状完美契合的同时，尽最大的可能保留校区内惟一的环路。但当35m×35m的体育馆布置下来，却几乎占满了整个通道，似乎没有路可走了。怎样通过设计师的努力，绝路逢生呢？

图8-9　天津师范大学艺术
学院艺体楼模型

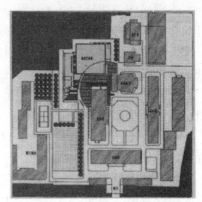

图8-10　天津师范大学艺术
学院艺体楼总平面图

这时一个大胆的构思出现在脑海里，能不能将体育馆架空呢?下面以一道弧墙穿过，墙外一半成为架空广场，墙内另一半则恰好放置报告厅及展厅、门厅。这一突然出现的灵感，给原来的理性思考注入了活力与灵性，使他兴奋不已。

但是他的兴奋没有维持多久，就又陷入另一个矛盾。弧形的一条线在图上一画，虽然解决了旧的问题，却又出现了新的矛盾，一是如何在低造价的限制下解决体育馆的架空问题，二是如何组织体育馆的人流？

在结构工程师的帮助下，他们成功地解决了架空的问题，而第二个矛盾的解决则引发了方案的另一个关键构想：以一个宽10余米的大阶梯将体育馆和板式教学楼联系起来，并在二者间一直延续到五层，既解决体育馆的交通和教学楼的疏散，又将该建筑的两个不同尺寸的体量有机地进行了衔接。阶梯下面的空间也就自然而然成为两部分内部空间的联系通道。真是问题不断，刺激构想不断，越具有挑战性，越能激发出人的灵感和想像。

三、明确问题的方法

通常，运用调查和列举方法，我们发现了许多"问题"，是否就应当着手去解决呢？不是的，有经验的建筑师还需要对问题作进一步明确，因为，这时的"问题"可能还是一个很大、很笼统的问题范围，需要真正明确你到底要解决的是什么问题，是不是主要问题。有时，还需要在错综复杂的问题之网中，抓住那个牵一发而动全局的关键点，以它的解决来带动其他问题的解决。

1. 缩小问题范围

在扩展问题之后，思路必须再集中到要解决的具体问题之上，抓住要解决的问题究竟是什么这一核心，这就是缩小问题和限制问题。

例如，在最初发明隐形飞机时，人们一开始听说隐形飞机，就误以为它是让人看不见的飞机。实际上，专家们接到这个问题时，已经将这个问题进一步明确为：设计雷达难以探测的飞机。但对于专家们来说，这个问题的范围还是太大了。因此，他们进一步研究究竟什么样的飞机雷达探测不到，又将问题缩小到研制非金属材料制成的飞机；制造表面没有锐角的飞机；只能产生很少热量和噪音的飞机。这样，要解决的问题就变得具体而明确了。最后，在1988年，第一架隐形飞机终于在加利福尼亚的一家军工厂露出了真面目。

再举一个建筑设计的例子，2000年大学生设计竞赛——民俗文化中心设计，民俗文化范围很大，设计时，首先要缩小范围，某一学生决定设计"茶文化中心"，但"茶"文化涉及面也很广，因此，学生又继续深入研究怎样在建筑设计上传达茶文化，于是又将问题缩小，以展茶、制茶、品茶为主要途径去传达茶文化，最终设计了不同场景，完成了最终茶文化中心方案。

缩小问题范围对初学者及学生最有效。

练习4　在一居住小区内设计一幢所谓"欧式"别墅

欧式别墅范围很广，有不同国家、不同年代、不同风格的欧式建筑，如何设计？

参考步骤：

1）确定欧式风格的地域性（北欧、东欧还是西欧的哪个国家的）。

2）欧式风格的年代（古典的还是现代的）。

3）此种欧式风格建筑的空间特点。

4）此种欧式风格建筑的立面特点。

5）提出欧式风格别墅的设计思路。

2. 抓住问题的实质

明确问题很重要。如果到最后，问题的范围还是很大，并且含糊不清，就会影响到设想的最后落实。确定问题可以使我们集中焦点、把握要点、扩展重点，以便进一步地自由幻想，综合新奇巧妙的想法。

例如，要设计一种清洁地毯的新方法，我们可以做以下分析：

以往清洁地毯的各种方案：

(1)水洗(用水冲刷)。

(2)干洗(用干洗剂和刷子)。

(3)雪洗(放在雪上敲)。

(4)拍打(直接用棒子敲打)。

上述方案可概括为：借用其他物质，如水、雪、汽油、干洗剂、空气等，把灰尘带走；用机械力(敲打、蹭刷)使灰尘掉下来。问题的实质是怎样使灰尘与地毯脱离。

那么在建筑设计中，所谓"问题实质"是指在设计情境中具有重要作用的要素。构思主体一旦抓住了这个关键，就有可能为构思的突破打开缺口或提供契机。朱光潜先生曾对构思作过一番生动的譬喻。他说，构思"有如抽丝，在一团乱丝中捡取一个丝头，要把它从错杂纠纷的关系中抽出，有时一抽即出，有时须绕弯穿孔解结，没有耐心就会使之紊乱"。这里的丝头指的就是设计情境中的实质性要素。

其实，对实质性要素的把握并无一定之规，它在很大程度上取决于设计者的主观修养和艺术造诣。它要求设计者运用"发现"的眼光去感受、捕捉，并能对此作出独特的解释。从某种意义上说，能否抓住问题的实质，是能否形成新意的重要前提。诚如约翰·波特曼(John Portman)所说："如果你能分析和理解问题的实质，你就能找出最适当的解决办法"。

设计情况的实质要素不外乎出现在环境和功能因素上，设计者通过对环境或功能的某个重要特征或内涵的把握引申、联想附会及至强调升华，从而可望形成不同寻常的创作意匠。

例如，日本仙台图书馆设计竞赛一等奖设计方案(建筑师伊东-雄)。图书馆面临一大片绿地，主要功能有图书馆、市政展览馆、信息服务中心和视觉中心。设计者认为，计算机技术改变了我们对物质的感受力和通信方式，如何形成建筑空间，以及在信息高速流动的情况下如何重新确定传统图书馆、信息中心等功能要求是设计者义不容辞的任务。从前，图书馆和艺术馆是私人住宅的一部分，但随着社会的进步，它们脱离了家庭范畴而成为具有自身特征的国家性设施。而现在，由于非中心化与传媒的个体化，它们又回到私人住宅中，或许更确切的是住宅本身的扩展又容纳了这些内容。如今，建筑的类型划分越来越困难了，已经无法跟上时代的步伐。信息数据网络的发展，正迫使人们重新建立建筑的程序。现在的问题是事物之间的透明性与流动性日益强化(实质问题)。依据这样的设计思路，建筑师将建筑设计成包含7个钢结构的蜂房式层状楼板。这些楼板由12个筒状钢管支撑，室内照明和空调环境由建筑表皮控制。设计中没有进一步将四个主要功能再划分，而是在每层以图解的方式安排功能，从而使每个竖筒的作用更加清晰，并消解了各层楼面自我封闭的弊端而使其相互渗透，以此体现建筑师对图书馆的新认识(图8-11)。

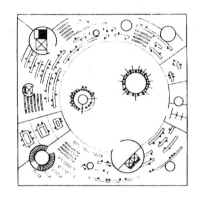
二层平面

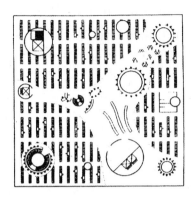
三层平面

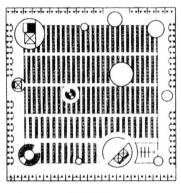
四层平面

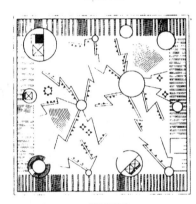
五层平面

图 8-11　仙台图书馆设计竞赛一等奖方案

练习 5

根据图 8-12 所示的建筑方案，在下列选择中确定参赛方案设计者提出的方案所要解决的实质问题。(此为欧洲建筑新人设计竞赛"在城市中居住"参赛方案。何为设计者所要解决的实质问题?)

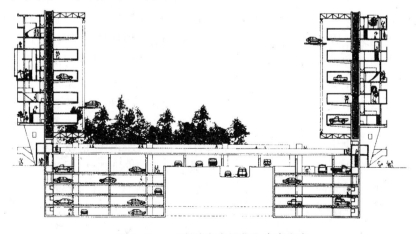

图 8-12　"在城市中居住"参赛方案

①在城市中为居民提供公共交往空间；②在城市中居住，将车库与住房紧密结合，将小汽车与主人的关系拉近；③室内种植植物，创造良好的生态环境；④在城市中有效利用土地资源。

第二节　创造性地重新审视问题

接受设计任务，如果乐于驾轻就熟，从习惯性的经验和知识中寻求现成的答案，那么，方案的创造性就无从谈起。也有的人为了求稳，很少从不同角度去做广泛深入的探讨。

设计的创造性说起来容易，即是从主观愿望上希望思维开放、多向、独立、灵活，实现起来却相当不易，除了要改变过去的封闭、保守的思维模式，还需要掌握一定的方法，如变熟悉为陌生来促进新的模式产生。

一、变熟悉为陌生、变陌生为熟悉

人们对创造性思维有两个误解：一是认为创造性主要体现在解决问题阶段，而把了解问题阶段忽略了；二是人们往往把了解问题阶段所产生的一些粗略的、肤浅的答案，当作解决问题。因为熟悉问题的阶段，会产生一些小小的发现，这时，如果认为问题已经大概有了眉目，就开始过分沉湎于问题细节的分析，其实是舍本逐末，往往会贻误创造的时机。经验少的人常犯这样的错误。创造性解决问题并不是了解了或解决了一个新事物，而在于用全新的方式、全新的角度去看待一个问题，做出创造性的设计。若要有意识地做到这一点，就需要变熟悉为陌生的思考，即需要再来一个转变，就像一个弯下腰，从两腿间看世界的孩子，突然发现整个世界都倒过来了一样。

1. 变陌生为熟悉

什么是变陌生为熟悉呢？

让我们设想有个学生正在翻阅有关 2000 年汉诺威世博会建筑的资料。当他第一眼看到韩国馆(图 8-13)时，不能立即理解这个建筑的喻意。他的老师解释说，韩国馆是在对建筑和土地的关系进行深层思考后的设计，体现了韩国文化中自古就有的对土地和自然的崇拜。这个学生在这方面是无知的，这些概念对他来说是陌生的，他要领会这个新事实，必须运用他熟悉的经验。他想到了自己曾在飞机上看到的精耕细作的一块块田地，在这个学生心中，他所记忆中的情景与韩国馆墙面上的深浅不同的褐色块发生了明显的联系。同时他根据建筑物试图脱离地面的倾向，理解了这一设计的内涵：现代建筑与土地欲离不能的矛盾。就这样，这个学生通过一个他自己经验中的例子，创造性地帮助了他自己学习理解问题。他在建立旧经验与陌生事物的联系时，依靠的是用个体旧经验(熟悉)去解释新事物(陌生)，这就是变陌生为熟悉。

图 8-13   2000 年汉诺威世博会韩国馆

对于一个从未接触的建筑类型来说，从接到设计题目开始，到调查、收集资料、分析问题，都是一个从陌生到熟悉的过程。当你运用自己的经验理解了设计题目，熟悉了它，也就形成了对这个问题的观点。糟糕的是，同学们常常在熟悉的过程中，自然而然地接受了对这一题目的"通常观点"和其他建筑师的理念。你想有自己的创见，可是一种潜在的"陈旧"观念的影响却在头脑中挥之不去。这就需要运用变熟悉为陌生的技巧。

2. 变熟悉为陌生

与变陌生为熟悉正好相反，变熟悉为陌生就是以新的眼光去看一个事物，从而打破原有的习惯看法(旧经验)，产生全新的认识。

去过澳大利亚的人，无不为悉尼歌剧院的风采所迷倒。它的设计者就是丹麦建筑师伍重。人们只看到了他的悉尼歌剧院方案外形像帆、像贝壳一样的屋顶产生于对现实的联想，却很少有人知道他采用这种省略了墙的屋顶形式的内在文化追求。

在我们看来顶棚、墙、地板，是构成一栋建筑的必备要素，而在伍重那里，却有了新的含意。在伍重的想像中，墙、地板、门等都有不仅是技术性的构造，还被赋予文化的意义。在伍重的设计中可以看到一种共同的创作思想：厚实的"地"与轻浮的"天"的结合。伍重设计的屋顶都是轻浮的，与"天"的含义联在一起，地板则意味着"大地"。与天与地相比，伍重认为，建筑中的墙是微不足道的，这与欧洲建筑传统是截然相反的。他把欧洲人熟悉的墙、屋顶改变了，成为一个新的建筑。无论是建筑的外在形态，还是它的内涵，都带给

173

了世界新的启迪。这就是变熟悉为陌生。他的思想是一贯的，不仅融入了悉尼歌剧院的创作，还在他的其他作品中得到发扬(图 8-14)。

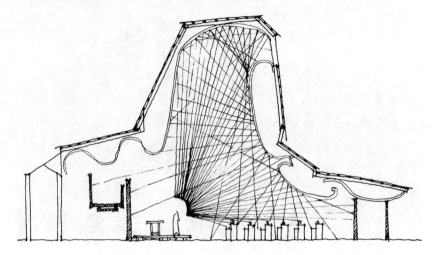

图 8-14　巴格斯瓦尔德教堂

回想一下那个学生的创造性联想：韩国馆的墙面与他从飞机上看到的田地，它导致的结果虽远不如伍重的那么有意义，但却是经常发生在每个普通人身上的创造过程，虽然这个过程开始只具有个人意义，后来它却激起所有人的审美体验。实际上，这就是美学的过程。

这些创造性联想的产生都依赖于个人的特殊性格、知识和经历。那个学生一直在同他自己交流；伍重在联想过程中虽也同自己交流，但他把发现通过设计传送给了整个世界。也就是说，伍重的创造力导致了一个创新思想，他的设计使全人类受益；而那个学生的创造力，引发出来的联系，只增加他个人的知识。

实现变熟悉为陌生的技巧就是运用第二篇所介绍的直接类比、拟人类比、幻想类比和符号类比。

下面举例说明运用符号类比法获得旧城区改造中的"居住小区设计"的新理解。

中国现在就像一个大的建筑工地，许多旧城被改造成新区，规划部门认为这对住在旧房子的人是个福音，可一些老住户却并不买这个账，他们是怎么想的呢？请用变熟悉为陌生的方法进行分析。

第一步，逆向思考(否定方面)发现：老年人对变革和更新的不理解；寻找肯定的方面：老年人需要便利的设施和福利制度的帮助。由此深入思考想到：老年人搬家时，旧的家具换新的会引起财产问题，旧的生活环境氛围的破坏会引起生活习惯的改变和心理的不适应。

形成问题对：城镇规划者——老年居民。

第二步，经过分析，将问题浓缩为"保守的革新"和"保留的破坏"、"传统的创新"。

第三步，选择"保留的破坏"，看世界上还有什么事物是保留的破坏。

用推土机推倒房屋与犁地十分类似，原有植被破坏——本地特征大部分丧失，但也可以通过轮种或种植苜蓿草使土地得到恢复。

第四步，从农业环保措施中得到启发，重新看待设计题目，老年人的不理解是因为担心他们的健康、安全设施的设计保障问题，是否在新规划中得到解决。同时，新规划是否保留原有文化的问题也应引起规划者关注，新旧文化的矛盾冲突和统一，如家具的丢弃，意味旧的生活方式的改变。不同的城市有不同的肌理，不同的建筑有不同的语汇，一扇窗户也是一种文化符号，也属于原有的生活方式。

本地的破坏，不仅涉及物质环境，也会引起文化认同感、归属感的丧失。所以在新区规划时要充分考虑到老年人的需要，保护自然环境，保护历史文化传统，才能让老年人在心理上得到认同。

最后，将问题确定为"部分保留传统生活模式的小区设计"或"保留传统空间模式的小区设计"。

练习 1

(1)运用自身类比法，把自己比作一个办公室，从情感上获得办公室设计的全新理解。

①如果我是办公室，我希望我是明亮的，明亮的办公室设计如何体现?②如果我是办公室，我希望我是轻松的，轻松的办公室设计如何体现?③如果我是办公室，我希望在我这里人们感觉到的是开放的、热烈的、充满激情的。

(2)运用幻想类比法，从大闹天宫中的托塔李天王身上借鉴灵感，帮助你从新的角度去理解高层建筑的设计题目。

①幻想 1：李天王的塔能缩能放，高层建筑是否能像他的塔一样需要时立起来，解决住房问题；不需要时缩小，置于一边。

②幻想 2：高塔可以托在手中带到任何地方，高层建筑能否方便地移动?

(3)运用符号类比法，把幼儿园定义为"喧闹的安静"、"天真的懂事"、"探索的填鸭"。选中一对矛盾短语，从抽象观念到具体事物，再从具体事物中得到启发，使你对幼儿园设计产生新的热情与观念。

例如，选择"天真的懂事"，"天真"寓意孩子的纯真、爱幻想，具体到设计中可以考虑用纯净的建筑材料、纯净的颜色、神奇的动画故事、奇妙的小构件；"懂事"表达了孩子们对社会的理解，对人们的尊重，具体到设计中可抽象出秩序、理性与逻辑，重复的线条、明确的空间秩序、突出的几何形。

设计者可通过扩展出的概念，运用不同的符号进行设计。

二、重新审视问题的心理调整

1. 控制注意力的转移

建筑设计所需要的不仅是机敏，还有创造性，有时思维是跳跃的、间断的，而不是连续的。我们有时不得不努力放弃原有的思路，寻找新的思路，这取决于设计师能否把他的注意力从问题的一部分转到另一部分，这是设计策略的精华，而上面谈到的多角度、多方位的问题的提出则是依靠注意力转移来获得。法国著名建筑师安德鲁也认为，"当把自己认为已知的、已经明白的事情稍微变换一下角度，从完全不同的方位来考虑时，就会产生出新内涵。"设计大的项目不要迷失遥远的目的，要守住目标。策略是重要的，应分清主要矛盾和次要矛盾，不断把握住整体要表现的东西，在向前推进的过程中，阶段性成果和细部就会随之自然而然地产生出来。

法国的新型办公建筑竞赛，建筑师要解决的是如何使信息社会中新的办公方式拥有新的空间与之相适应。竞赛的组织者认为，未来的办公空间，既是舒适高效的物理环境，又是工作者引以为自豪的象征；它必须反映出新技术的水平，提出新的建筑解决手法，引进更先进的自动化控制和信息系统，为工作者创造一个在环境上、心理上和社会上更为理想的工作空间；同时，建筑上也要体现家庭、休息、工作过程之间的密切联系和这些活动的更大的灵活性。

请同学们试着做一做，在做方案的过程中，有意识地控制自己关注问题的注意力。先把注意力集中在现代办公室人与人交往的特点与空间设计的关系上，由此切入问题；再把注意力转到办公室中个人私密性的需要，如何通过空间设计沟通"办公"与"家"的感觉；再把注意力转到现代社会的节奏问题，将办公效率作为切入点，进行工作。

在此竞赛中有两个中选方案。方案一在办公平面中设计出可移动的办公家具，体现了信息化时代的可变性与灵活性(图 8-15)；方案二则打破以往办公空间的封闭，利用上下联通的楼梯加强了空间的联系与互相渗透，加强了人与人之间的交往(图 8-16)。这些方案从不同的角度、不同的构思对未来的办公空间进行了有益的探讨。仔细审视这两个方案，看它们的想法与你有什么相同和不同之处。

你还能提出与上述方案不同的思考问题的角度吗？

2. 学会放弃

注意力角度变换的诀窍是：学会放弃。

拼图的游戏 1(图 8-17)。

请看图 8-17 的几个几何图形，你会很容易地将它们拼成一个正方形。

拼图游戏 2(图 8-18)。

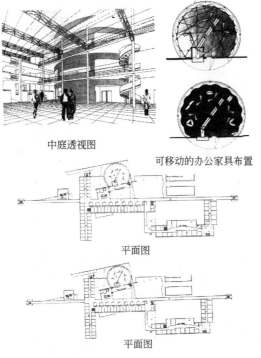

中庭透视图

可移动的办公家具布置

平面图

平面图

图 8-15　法国新型办公建筑竞赛方案一

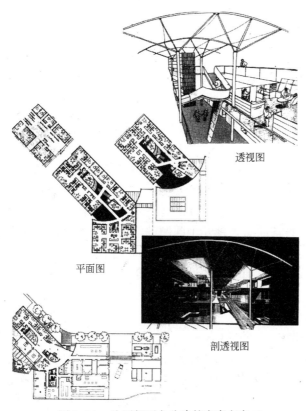

透视图

平面图

剖透视图

图 8-16　法国新型办公建筑竞赛方案二

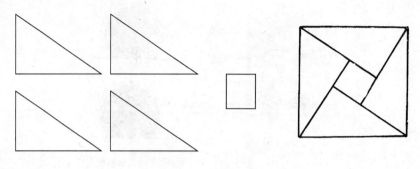

图 8-17 拼图一

请看图 8-18 的四个图形，需要你把它们拼成一个完整的几何形，你也会很容易地就把它拼成一个长方形。

拼图游戏 3

如果让拼图游戏 1 和拼图游戏 2 的九个图块，拼在一起，成为一个长方形的话，你怎么拼呢？

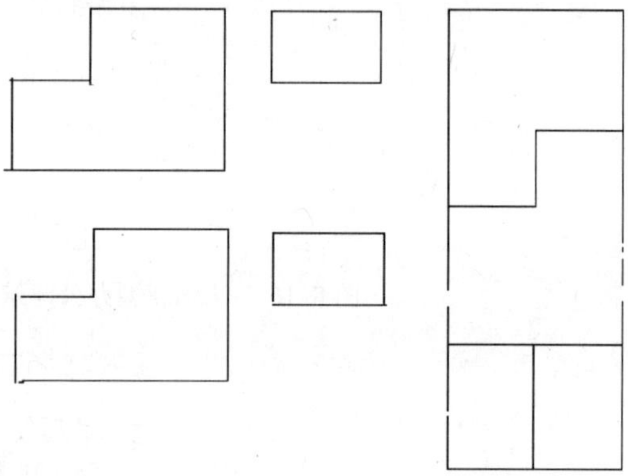

很多人感到有点困难，其实也是很简单的事，只不过游戏 1 和游戏 2 的拼法，使人产生了思路上的惯性，只有放弃原来局部上的成功，才能顺利地解决问题。

图 8-18 拼图二

记住，打破惯性。第一步的成功影响了第二步，必须放弃第一步的成功，才能得到最后的成功。

某些设计师直到到达设计的终点才想到要转移其注意力，而有的设计师似乎具备同时处理几个问题的能力。有的设计师把自己最初的意向构思的时间拖延得比其他人更长，因而他也就有可能比其他人从最初的尝试中认识到更多的设计制约条件。或许更重要的是，要学会以放弃那些以偏见为基础的设计，还要放弃那些我们说不出优点，也说不出特别之处的方案。

3. 不拘泥于常规

每种建筑类型都有其共性，而对于共性的掌握往往成为我们设计的束缚。在当今多元化的社会，人们对建筑的需求也是多元的，而在技术发达的今大，建筑的适应性也越来越强。以传统的、常规的对某类建筑的理解难以适应社会的需求与人们的需求。构思要想超凡脱俗，令人耳目一新，需要我们打开思路，发挥想像力，并且还需要建筑师具有超乎常人的敏感，能够在那些看似平常，甚至习以为常的事物上获得不寻常的构想。罗丹说："所谓大师，就是这样的人，他们用自己的眼睛去看别人见过的东西，在别人司空见惯的东西上能够发现美来。"这看似很容易，其实需要动很多脑筋，需要转换思维方法。

善于提问题，就要做到"和别人看同样的东西却能想出不同的事情"。勒·柯布西耶就非常善于从最平凡的事物中发现不平常的东西。他很爱引用18世纪理性主义建筑师阿贝·劳吉尔的话："必须从零开始，必须提出问题……问题提得好，能预示出答案。"他在设计印度昌迪加尔市政建筑群时，提出了一个"窗子问题"，为设计的独特构思提供了主观依据。他把窗子分为四个功能问题：①要引进新鲜空气；②排出污浊空气；③向外看；④要采光。每个功能分别有一个答案，通过这种解答，柯布西耶创造了他自己的新语言，使整个作品在某方面的构思显得不同凡响。

从平常中见异常，从熟悉的东西中发现新问题，是创造性构思的先导。对司空见惯的事物作一番转换角度的审察，往往有助于克服头脑中观念的固定化。

练习2　分别从各个角度提出设计立意

(1)书店设计。要求从四个不同的角度提出书店设计的立意。并依次评价。

参考思考步骤：①从使用人群确定书店设计理念；②从建筑形象上确定书店设计理念；③从使用方式上确定书店立意；④从空间流线组织上确定书店设计思路。

(2)"茶"文化中心。

参考思考步骤：①考虑茶文化与建筑的关系；②以制茶过程为主要思路进行设计思考。

第九章　创造性地解决问题

发现问题是建筑设计的关键，那么创造性地解决问题是建筑设计的核心，建筑设计问题难以依靠清晰的逻辑推理得出结论，建筑设计是形象上的创造，要求逻辑思维与非逻辑思维、发散思维与收敛思维相结合，而建筑设计问题具有层级性的特点决定了创造性解题的复杂性，那么如何能使自己的设计在构思过程中具有创造性，与别人不同而又有新意呢？在这一章节中我们按照设计问题的分类的特点，针对解决问题的方法、解决问题的要点进行论述。

第一节　建筑设计问题类型

一、问题类型与解题方法

我们日常遇到的问题，可大致分为三类，即：明确的（Well-defined），不甚明确的（Ill-defined）和狡猾的（Wicked）。问题的确定主要考虑目标及约束条件两方面的因素。明确的问题事先有定义明确的目标和约束条件。例如，我每天上班的地点是固定的，从我家到工作地点之间通行的公共交通路线也是固定的，我可以从中选择最符合我需要的路线。

不甚明确的问题，它的目标和约束条件事先均无明确定义。例如，做抗震建筑设计，本地区地震的发生烈度及频率是随机的，建筑中所使用的材料在强度及质量均匀性上也是波动的，在这种情况下要做出经济合理的设计，就复杂困难得多。

狡猾的问题更为复杂，它除了目标不明确外，解题标准也不明确，不同的定义可导致不同的解题结果，因而解题的过程是开放终端型的，即永无止境。建筑设计很符合这一类型。人们可以从功能、环境、经济、美观各方面提出许多不一致的要求，设计师提出的方案也不是"惟一的"，每个方案都能相对满足任务的要求，但人们对其评价也是不同的、标准不惟一，而且永远达不到十全十美的程度。

不同类型的问题需要不同的解题方法，见表 9-1。应当说，我们面临的任务，绝大多数是非确定性的，不少是狡猾的，确定性的问题只是一种理想的、抽象化了的情况。人们通常的做法是把非确定性的问题通过概率理论或模糊逻辑等方法，使它们演变成为"类确定性"问题。这种方法统统称为"计算型"的（Algorithmic），也就是 Simon 所称的

"智力上硬性的，分析性的，可形式化的，可教授的"科学方法。

问题类型及解题方法　　　　　　　　表 9-1

问题类型	常用解题	例
确定性问题	*A*.计算型方法 （1）决定性过程（Deterministic process）	$1+1=2$
非确定性问题或不甚明确的问题 （1）随意性问题（Random problem） （2）模糊性问题（Fuzzy problem）	（2）随机性过程（Stochastic process） （3）模糊逻辑过程（Fuzzy logic process）	概率法 $E(X)=\sum_{i=1}^{n}X_iP(X_i)$ 高、低、美、丑……
开放终端或狡猾性问题	*B*.诱导型方法	建筑方案构思

但是狡猾性问题则往往难以（或只能部分地）采用"计算型"方法，而需要采用一种被称为"诱导型"或"启发型"的方法。这种方法主要是凭借解题的经验、灵感、知识，通过"试错法"过程寻求相对满意的答案。

二、建筑设计问题的类型与结构特点

有关对建筑的理解使我们知道，建筑包含物质性与精神性两个基本层次，而它的发展又是社会、经济、文化共同作用的结果，这使得建筑的含义广泛，内容繁杂。从上面对问题类型的定义可知建筑设计问题是属第三类——狡猾性问题，而问题的结构是由许多相互制约的因素组成的。它可以分层次，分解为多重次级问题，而次级问题又是相互联系、相互作用，形成一种层级系统（图 9-1）。

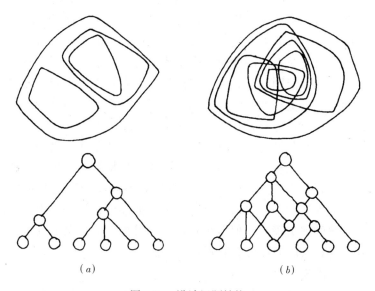

图 9-1　设计问题结构
（*a*)树状结构；（*b*)半网络结构

181

怎样理解建筑设计问题的层级性呢？比如，高层住宅的设计提出"提供交往空间"为主要问题的案例（图 9-2）。

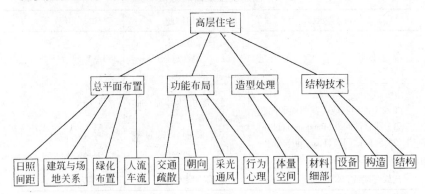

图 9-2 高层住宅设计问题层级性

由上面的例子看到对于总的高层住宅设计问题有相对独立的子系统，如空间组织、建筑形象，而针对空间组织、建筑形象又可逐渐分解或更具体、次级的设计层次。

那么建筑设计问题的狡猾性，设计问题的层级性、可分解性决定了我们在设计过程中创造性解题采取的方法。

第二节 解决问题的方法

一、分解问题

将问题分解对我们而言是最熟悉和最常用的一种方法，例如，我们做设计经常先从总图布局入手，然后平面设计、立面设计、剖面设计、流线组织等几方面分别加以考虑，提出各自的解决策略。又如，在进一步解决建筑布局问题时往往会不自觉地分别考虑到影响布局的各种因素，如气候因素、人文因素、景观因素等等。将问题分解是在无法准确系统地把握问题时，根据建筑的多层面、多属性特征将设计问题逐一分解，以利于更细致、全面地解决。

为保证将问题分解得更系统、更细致，在利用计算机的同时，最简单最常用的系统技术手段就是列检核表。用检核表列出设计者应考虑的次级问题往往比较全面，使得创作者不容易产生疏漏现象。当然，我们必须清楚一点，那就是检核表不能保证设计者产生正确的思想和对问题的解决策略，但至少可以引导设计者去作全面的考虑。列检核表尤其对于初学者与学生极为有用。

二、试错法

在讲试错法之前，我们可以先讲一下大师级建筑师或有经验者他们解决问题的策略，从图 9-3 中我们可以看到，大师级人物他的解决方案是随着设计目标的确定而直线型的发展，凭借他的经验及强烈的建筑观，引导他的设计。以赖特的三个住宅方案为例，其各室、各空间要素的功能关系完全相同，反映着建筑师遵循的统一功能模式、同一思考路线，只是个体要素的形状或大小的显著变化（矩形、圆形、菱形）才导致三个住宅方案的差异（图9-4）。

图 9-3　有经验者策略

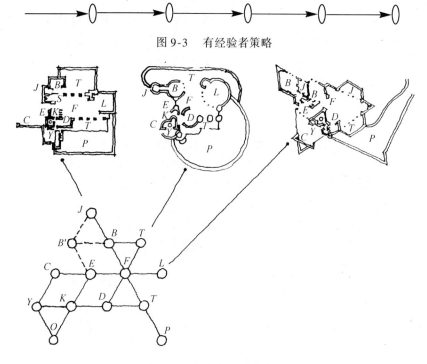

图 9-4　赖特的三个住宅

　　那么对于一般的设计者，因为设计求解很未知，评定标准不确定，在经验不足的情况下，设计者是不断探索，运用"多向共面"的思维发散形式接二连三的不断尝试，进行多方案比较，求得最佳结果，如图9-5。这时就需要运用试错法。

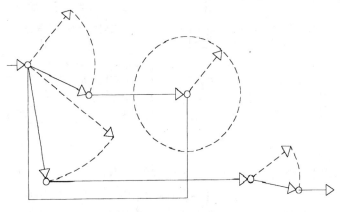

图 9-5　探索型策略

　　试错法一般是在解决次级问题，特别是从一般推理过程中得到的信息不能用于解决问题的指导，即下一步解题思路暂时没有指导性的明确目标，这时我们倾向采用试错法。试错法是随机的，没有明确指导性原则，是通过不断尝试得到的最佳或矛盾最少的结果。

　　我们举一个拼图游戏例子，如图9-6所示使用试错法，有时候是一个随机的方法，通过安排再安排这些图块，而产生合理方案。将过程中产生于每一个尝试性安排的图案与最后解决方案的图形比较，可以确定哪一个解决方案在所有特殊的情形中是确实符合的图案，在经过数次的再安排尝试之后，某些过程可能被放弃，从而找出那最完整拥有最少矛盾的解决方案。

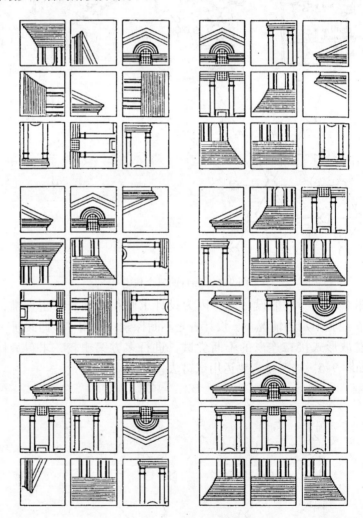

图9-6　试错法拼图

　　这种情况在设计中是经常要碰到的，当考虑在一个房间中满足某些特殊要求的家具排列问题，或者规划出一栋建筑物中满足特定需求的楼层平面问题，或是一块土地在不同使用上的分割问题，我们都可以用试错法去解决。

三、爬山法

爬山法也可称为逐级解决法，它与试错法有差别，其重要的不同点是，之所以采用试错法是因为在解题过程中上个阶段的结果不能进一步推进解题的进行，不能做为目标指导求解，而逐级解决法是随着每个阶段每一步骤的持续进行，下一个步骤的进行都是以上一个阶段矛盾最大、最不合适的问题为主要解决目标，而将解题过程持续下去，这使得解题过程一直保持在循序渐进，逐渐逼近目标的正向良好状态。

让我们再次引用图 9-6 的立面拼图游戏，一开始，一个解决方案即一个特定范围内的图块的安排被随机地或是以其他方式被提出来，在这项安排中这个图案随后被与最后的解决方案做比较，假如这个安排并不协调，介于此项安排与解决方案间的差异会被记录下来，这个过程最终要通过发现图案线条间是否契合，是否造成了可辨识的特征，或者在某些方面整体组合呈现了不平衡的状态等等来考察；十分常见的情况是，那个处于最不适当位置的图块似乎最有可能被选择作为下一个步骤的安排，假如那第二次图块安排较第一个佳，那么它便会被接受或是作为关于未来改进的考虑（图 9-7），在逐级解决的过程中，解决方案在这样的方案中会持续进行着，直到一个满足条件的安排被找出来。

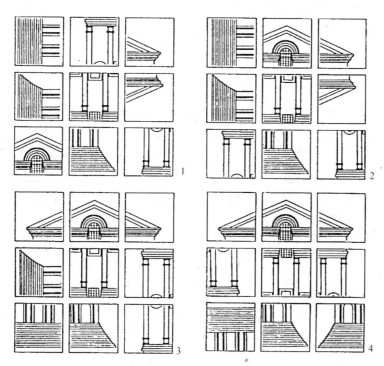

图 9-7　爬山法拼图 (1)

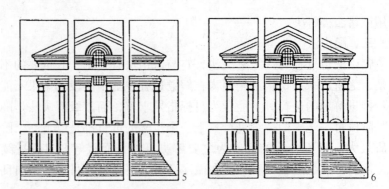

图 9-7　爬山法拼图 (2)

　　许多情况下建筑师在解决问题时采用这样的方法，比如平面功能布局中许多不同房间不断调整的设计问题。

　　之所以叫爬山法就在于这个解题过程是从坏的到好的解决方案的累积，山的最高点就是最佳解决方案所在地。

　　说到最佳，这个方法中实际上隐含了这样一个问题我们应该注意，一个设计者如何决定什么是最佳解决方案的问题，是到在被提出的空间安排与问题特征（亦即安排的标准）间没有矛盾为止，那么一般当许多有效、成功的局部或部分安排对于整体的安排没有进一步的发展时，可以暂且看作是一个解决者应离开的显著的停止规则，这时的解决方案只能称得上是次佳，当然它也有可能是最佳。

　　四、手法—目的分析法

　　手法—目的分析法主要包括三个部分，分别是：①一种既定的设计手法；②一个或一组明确的设计目标；③相应一连串的设计规则。简言之，此法是由适当的决策规则连接一定手法以达到某种目的，这个方法涉及了目的与手法的明确定义以及一个分析问题的网络。

　　让我们再一次以立面拼图中的立面设计为例，这次不是什么拼图游戏，而是一个立面组成问题。组成要素是壁柱、墙面开口、山墙与台阶等，组成目的明确，即古典建筑立面风格，组成规则（手法）如图 9-8 中所示，对称原则、正等边形特征、均分式等分规则，纵三段、横五段分割方式，等边三角形比例。这个立面设计在这些规则及手法的执行下最终形成了一个古典的建筑形态。

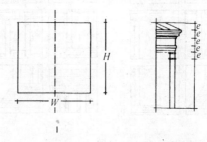

　　　　　　　　　　　　　　图 9-8　手法—目的分析法拼图 (1)

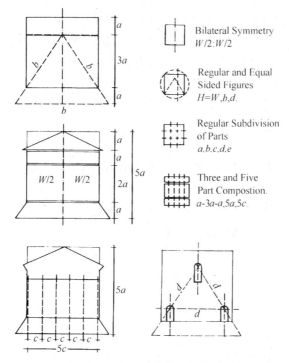

图 9-8　手法—目的分析法拼图 (2)

　　这个方法是很容易理解和运用的，柯布西耶在 1946 年 ATBAT 的设计中，具体指出了精确的指导原则（手法），那经由空间安排所形成的解决方案，目的则是提供大量住宅（图 9-9）。

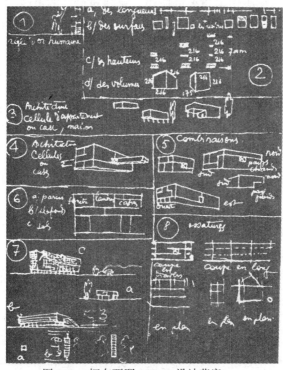

图 9-9　柯布西耶 ATBAT 设计草案

手法——目的分析法重点在于手法的把握与积累，在具体空间组织、立面设计及至小的细部构造都会有不同的手法，手法的掌握要通过不断的学习和积累而获得。要设计古典建筑，那么首先要知道古典建筑的风格、特点，具体设计手法如何；要设计中国古典园林，那么要知道古典园林造园要素、步随景移、以小见大等设计原则……掌握这些手法及原则进而指导设计。

第三节 创造性解决问题的技巧与要点

上节提到的创造性解题的方法重在求解的过程，寻求答案的路径，是针对设计问题的特性提出不同的解决方法。而谈创造性的解题更主要的是在依靠一定规则的基础上注重在思维上的灵活运用，即所谓心思灵巧。创造性不是一拍脑袋就有的，它体现了一个人设计思维的灵活与缜密。有时设计者会有一定的误解，讲创造性，那么大师级的设计有创造性。实际上，在创作中，并不要求每个设计从外到内，从整体到细部都有独具匠心的处理，只要有那么一点可爱之处，能让人觉得有新意，这样的构思就算有创造性了。在建筑创作中有以下几点是创造性解决问题的技巧与要点。

一、创意——建筑设计的灵魂

1. 立意的产生

立意是构思中最重要的阶段，是建筑设计的灵魂，任何一个杰出的艺术作品，它所独具的艺术魅力，均取决于艺术家的匠心独运。在构思中，概念性的意图，并无固定的表现形式。它可能是明确的，也可能是模糊的；它在大脑中可能只是一些意念的闪现，也可能以明确的语言陈述出来。不管怎样，它们都在一定程度上反映了构思主体的主观愿望、思想感情、个性偏爱以及设计者试图达到的目标和境界。每个建筑师的立意都不可能一样，也不必要求系统和完整。

有的建筑师对立意的重要性不以为然，他们往往只满足于产生某种朦胧的意图就进入具体设计，结果发现，设计经常遇到障碍，甚至不得不停下来。

立意有明确的和不明确的两种。明确的意图又有若干形式，它们各具有不同的概括性和抽象性。

（1）具体性立意

大多数建筑师在构思中希望自己的创作能够达到某种可希冀的效果，因而满足于提出某些具体性的设计意图，这种意图对设计的形象发展具有强烈的指向性。例如，1982年香港顶峰俱乐部竞赛第二名获奖方案，由澳大利亚 DCM 事务所设计，方案根据基地的"鱼跃"形象作了图像化处理，鱼头部分是开发者的住宅和四套豪华公寓，鱼身是俱乐部和 20 个公寓，鱼尾是 15 个工作室。一条规则的林荫道作为鱼骨将三个部分贯穿起来。在立面上用粗砌的墙作为三个元素的基座，同时这种斜墙还借鉴了当地的建筑特征，并提供一种私密性与安全感，不仅连接了各个部分，还使建筑与周围环境有所区分（图 9-10）；而尼迈耶在设计委内瑞拉加拉加斯博物馆时，其明确的意旨是要在设计过程中发掘出一种简洁的体形，以便和自然景色明显地区分开，这使他选择了倒三角形的形体，以表达挣脱大地拥抱的隐喻。

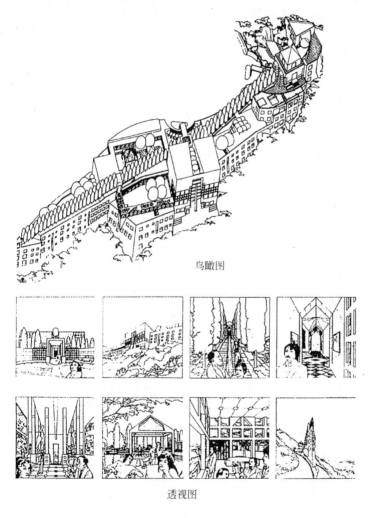

鸟瞰图

透视图

图 9-10　香港顶峰俱乐部竞赛二等奖获奖方案

（2）主观性立意

有些建筑师凭着自己的才华和声望，总想在设计中表达个人的主观愿望，他们在构思中不一定处处顺应条件的制约，而总要想方设法地表现自己的想法。赖特曾直言不讳地说："我喜欢抓住一个想法，戏弄之，直至形成诗意的环境。"他在构思"流水别墅"时，就设想要让业主和瀑布生活在一起，使瀑布成为业主生活中不可分割的部分。

贾菲（Norman Jaffe）在谈到设计斯莱克特住宅（Narvim Schlater）时说："我要使这幢房子像雪松一样，长长的枝干，平平地伸展在地面上。"由此形成了向各方伸展，悬挑在大石头上的扁平体形。

（3）哲理性立意

大约只有为数不多的建筑师能够提出一个有意味的带有哲理的设计意图，这种立意集中地反映了建筑师对所面临的问题情境作出的独特的理解和诠释。

"音乐在其中"是德国建筑师夏隆为柏林爱乐音乐厅确立的设计意图，它使建筑师把音乐厅当作一个"音乐的容器"来塑造，整个设计都围绕着这个中心意图。

"形式领域里的声学元件"是勒·柯布西耶构思朗香教堂的立足点。他认为：教堂是教徒与上帝对话的地方，借由教堂建筑的"元件功能"，上帝可以在冥冥之中听到下界子民的呼唤。因此，教堂应是一个高度集中与沉思的容器，它"要像听觉器官那样柔软、细巧、精确和不能改动"。

由于立意本身有时不明确，为保证自己的建筑设计有创造性，学生在构思产生阶段切记要时刻提醒自己，时刻问自己"你的设计立意是什么？"。

近些年来，对概念设计的重视，有效地解决了以往建筑设计缺少创意的问题。

（4）客观性立意

客观性立意是非常普遍和多见的，是根据客观条件而引发的设计思路。可根据地形地貌、气候特征形成设计立意，可根据功能要求形成设计主题，也可根据当地建筑文化、建筑材料形成设计构思，等等。

阿尔瓦·阿尔托认为自然与人的作品应结合起来，使它们成为一个整体。山尼拉工厂区就是这种观点的一个实例。有些工程师曾提出应将山铲平建造工厂，而阿尔托则认为需要保留山地，在斜坡台地上建筑厂区，这种布局方法同时还符合生产工艺流程。

贝聿铭设计的东馆也是设计者基于对整个基地与周围环境的考虑，是从所具有的客观条件出发获得的设计构思。在分析展览馆的地形后，贝氏确定出东馆的构图原则依然是继续发展老馆的东西轴线，以三角形作为东馆的主题，形成基本对称的格局。

2. 概念设计

概念设计也可称为构思设计或意象设计。在一般的建筑设计课程中，往往首先对命题（常常具有社会性和实用性）了解透彻，然后综合分析处理相关的因素及其关系，并以一定的实体空间构成其物化的形式，从而达到整体的优化，是偏重逻辑思维和系统设计方法的训练。而概念设计，由于命题常常是一概念性主题，并且不要求设计有实效性，故设计主要是设计者对命题的阐释，它由提出假想，经发展、综合，到领悟飞跃构成物化，注重的是个体独特构思体现的过程设计，其认知活动带有灵感的突发性、模糊性特点，其间发散性思维、侧向思维和直觉思维发挥很大的作用。概念设计的训练着重于创造性思维的培养和构思能力的提高。

　　概念设计的过程与构思过程是相对应的，首先是进行意念构思，确定主题产生立意，然后进一步扩展联想，结合综合分析逐渐深入构思细节，寻找意象表达的最佳形式。最后以文字及图形表达构思主题。归纳为以下几点：

　　（1）确定主题；

　　（2）扩展联想；

　　（3）综合分析；

　　（4）意象表达。

　　清华大学研究生郝琳在纪念香港 1997 回归国际概念设计竞赛中获得三等奖，他的方案以"巧"取胜，巧就巧在他对此次竞赛题意的理解和把握。他抓住这次竞赛题目中的关键词："……Ideas competition"（即概念设计竞赛），所以不一定非要做出具体纪念物的设计，而是抛出一个概念来表达香港百年回归的主题。他这个方案的特点是："没有造型、没有政治宣言、没有结构物、没有雕塑品……"简言之，"Do nothing"，什么也没有做。他只提出了一个想法，即把沙头角中英街加以保留。这条历经百年沧桑的"一街两制"的狭窄街道，也许就是回眸香港百年变化及"一国两制"原则的最好见证。现在以郝琳的设计为例来明确概念设计的基本步骤。首先，确定主题。设计者直接从设计题目中确定了"纪念"这一主题，接着进一步对"纪念"联想和分析。他谈到："我对于纪念概念的开发是建立在否定传统纪念物的基础之上的。我怀疑它们用于纪念的实效性。因为单纯地把纪念实体与政治事件建立关联有着极大的局限性，也就是说，无论何种具象（Solidified）的纪念物，其在时间及空间上都是难于拓展的，而纪念的完善性又在于它是否能够提供出理解纪念的足够的背景与前景。事实上，像香港回归及一国两制这样的政治问题也绝不仅仅意味着时间及空间上的某个片段，因为历史是一个不断发展变化着的过程，所谓的某些里程碑也不过是无数积累起来的前因后果的反映。"

　　"所以，让位的不同，使我选择了存在，强调存在的自身价值，去反对昔日纪念的权威性。在这里，我所着重的是，把纪念的形式隐藏在生活表象的背后，而通过生活的形式来体验纪念，让纪念的意义从生活中缓缓渗出，以达到感知而非宣言的目的"。在这一思考过程中设计者更多地运用了综合分析的思维形式，形成了对"纪念"这一主题的深入理解。最后寻找出表达"纪念"这一主题的意象形式，并"与通常的建筑创造法不同，当我对纪念的观念明确之后，纪念在实质层面上也就自然生成了，惟一所欠缺的就是提供一个适当的审视这一系列特殊历史事件的载体，让它像幻灯机一样地去展示与叙述在特定意识支配下其之前及之后的蒙太奇式的时空。结果是，我选择了位于深圳沙头角的中英街作为展示纪念意义的媒体。这是一条横跨于中港边界上具有双重属性的特殊产物，一个能够反映政治事件发展流程的最佳参照物，一条纪念碑。"

练习1

(1) 判断下列设计立意是何种设计意图。

A. 路易斯·康设计的何伐犹太教堂，他对此评述道："这个堂，应当更为无性，少特征。我认为，让它特性不明，正可将一切都囊括包容。这就成为一座诺亚方舟般的建筑物，一座教堂般的方舟，或者说，这座犹太教堂就是方舟。"

B. 阿尔瓦·阿尔托设计的巴黎国际博览会芬兰馆，在建筑材料上使用荷兰具有特色的木材，形成视觉主题，展馆也因此饶有意义地命名为"木材正在前进"。

C. 矶崎新设计的北九州市展览馆的屋顶处理成金光闪闪的太阳映照在大海表面的效果，是所谓"海洋屋顶"的隐喻观念。

D. 密斯的"少就是多"设计理念。

(2) 概念设计：NEW IN THE OLD。

要求：可以表达一种概念，以建筑、广场或建筑的细部构造等形式表达。

参考：①分析题目，从"New"与"Old"之定义入手，就题目而言，它可以被理解为三个层次的含义。第一层次：New——新建筑，新建造的，新型制的。Old——旧建筑，早已存在的，旧型制的。第二层次：New——新文化，新交流。Old——老传统，习俗。第三层次：New——新的建筑，新的形式，新的空间，新的城市环境。②通过联想，分析找寻有生命力的老传统的建筑空间或细部形式。③创造全新的或建筑或小品或环境。④图示表达。

(3) "22世纪"住宅的设计。要求：自选设计单元住宅中一种户型，重点在于对"住"和"22世纪"的理解。

(4) "风"的畅想。要求：在海边设计一别墅，构思体现"风"的概念。

(5) 思念的场所。要求：通过对唐朝诗人李白的"静夜思"的理解，联想设计一思念的场所。

(6) "流动"建筑。

(7) 传统空间的再创造——"亲情"。要求：自选某一传统聚居空间(可居住、可活动)，以建筑或院落具体平面或形式或空间材料为切入点构思，结果必须是对"亲情"概念的建筑表达。

二、从模仿开始到熟练把握创造技法

创造性的构思很少是凭空产生的，它总是在吸收前人的基础上又有所前进。安格尔说："只有构思中渗透着别人的东西，才能创造出某些有价值的东西"。奥斯本则说："所有一切创造发明，几乎毫无例外地都是通过重新组合或改进，从以前老的创造发明中产生出来的"。后现代建筑师便特别擅长于用"非传统的方法来组合传统构件"（文丘里），从而创造出与众不同的新形象、新构思。

古代画论云："拘法者守家数，不拘法者变门庭"。好的构思当然是不拘法的，但要达到"不拘法"的境界，却需要有个知"法"的前提。只有在充分掌握前人总结出来的各种"法则"之后，才能随心所欲地"变法"，而要做到这一点，一个有效的方法就是从模仿开始。

模仿不是简单的照抄，而是一种积极的学习。通过模仿，不仅可以领会别人构思的精辟之处，还可以为自己以后的创新积累经验，甚至可以发现被模仿者的不足之处，从而在实践中通过克服缺陷较快地实现创新。

高级的模仿应当是取其精髓。约翰逊早年曾紧随密斯之后，他为自己设计的住宅乃模仿密斯的范斯沃斯住宅。但他的模仿主要体现在解决问题的思想和方法上，而在具体的空间构成方面则有颇多差别。

迈耶设计的道格拉斯住宅（图9-11）是对勒·柯布西耶早期住宅模式的创造性模仿。他把柯氏20世纪20年代设计的多米诺住宅（图9-12）和雪铁龙住宅（图9-13）两者不同的空间构成方式有机地拼凑在一起，使之产生不同凡响的空间趣味，该作品也因此成了迈耶的名作。

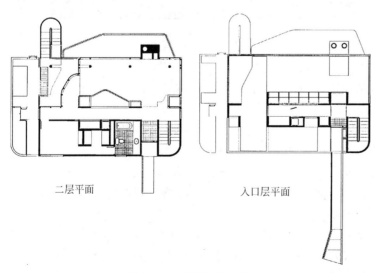

二层平面　　　　　　入口层平面

图 9-11　道格拉斯住宅

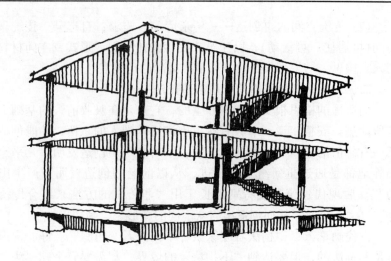

图 9-12　多米诺住宅

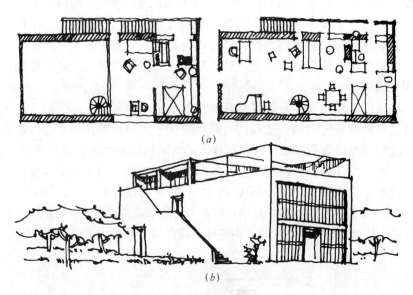

(a)

(b)

图 9-13　雪铁龙住宅

　　从模仿开始，最终摆脱模仿！这是说创造的次序，建筑构思尤应如此。

　　模仿之后第二种学习方法就是熟练掌握各种技法。本书第二篇有关创造技法中讲述了联想类比、逆向思维、分解组合等多种技法，在构思中我们首先要掌握这些具体可操作的创造技法，其次则要根据不同问题、不同阶段能熟练灵活运用这些技巧进行创造。"正像熟悉的木匠精于多种工具，拣合适的用并熟练地调换一样"。

　　比如，在构思思考问题阶段，我们可以运用模拟或类比的创造技法寻找解题思路，运用逆向思维开阔思路，在形象的创造上运用联想、想像求得解题思路与意象上的契合，通过分解、组合的具体手法进行建筑空间及形体上的塑造。

三、从原型启发到知识经验灵活迁移

在心理学中，原型启发又称"原始意象"。我们常常看到许多建筑大师的作品灵感来源于其他学科或其他领域的事物的启示。建筑创作上的原型启发包括三方面："现实形象"的启发；"现实生活"的启发；"环境、文脉"的启发。我们这里谈到的原型启发实际上在第二章的类比法中已经作了详细的阐述。在这里我们需注意的是，原型只是创造性思维的触发器，而不是蓝本。因此，讲到原型启发，决不能忘记"画虎不成反类犬"的教训。

将原型启发所得到的或平常积累的知识和经验应用到构思中，这个过程在心理学上称为"迁移"。

知识和经验是创造性构思的基础。但是，简单机械地套用知识和经验却与创造性无缘，关键要在"活用"亦即"灵活迁移"上下工夫。把相距遥远的因素相互联结，把看起来无用的因素重新利用，把习以为常的组织打乱重组等等，这些则要依赖于知识和经验的"灵活迁移"，也是思维灵活的表现。第二篇中的分解组合法、近缘组合、远缘组合等等技法就是这种情况的具体运用。有时候，越是互不相干的东西结合到一起，越能显出构思的独到之处。例如，把江南水乡的台榭建筑搬到岭南的渔村规划设计中去，就属于一种远距离的经验迁移。

在构思中，无论新的还是旧的知识、经验，只要灵活运用，迁移得当，都有可能给陷入困境的构思带来重大的突破。

皮阿诺设计的新作特杰堡文化中心（Tjibaou cultural center），它的建筑形象的灵感来源于当地土著人的草棚建筑，建筑物表达了一种与夏威夷文化氛围之间的和谐关系（图9-14）。

一个"旧"构想在经过一番新的扬弃之后的重新利用，是另一种更具特色的"时空迁移"。

图9-14　特杰堡文化中心设计（1）

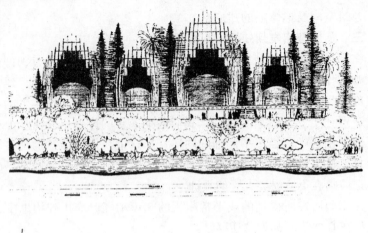

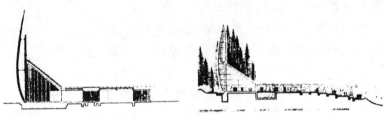

图 9-14　特杰堡文化中心设计 (2)

练习 2

(1) 住宅与广场。要求：以设计住宅的概念设计一面积为 50m × 50m 的小广场，只列出设计理念。

参考构思步骤：①明确住宅各空间特点；②确定各空间关系；③提出与住宅相同的广场设计理念； ④提出与住宅空间关系图相同的广场空间关系图。

(2) 以鱼骨的结构形式设计一可持续发展式的老年公寓(只设计平面)。

参考构思步骤：①明确鱼骨结构； ②了解鱼骨的发展式结构；③确定主要空间与道路空间；④确定老年公寓的平面关系；⑤按鱼骨结构安排老年公寓平面。

四、变约束为挑战

哥德曾经说过："在限制中才显出大师的本领"。设计是对一批特殊的实际需要的综合，得出最恰当的答案。在建筑设计中，常常要受到各种主客观条件的制约，面对有时十分苛刻的条件限制，有的建筑师可能一筹莫展，有创造性的建筑师却能够领悟到某一事物内在的联系，将种种约束条件重新组织，直到发现解决问题的办法。所谓重新组织，涉及到重定中心，首先是切入问题的角度发生了变化，随后，考虑问题的中心转变，整个事物内部关系围绕中心重新调整。在建筑设计中，建筑师往往不回避矛盾，变被动为主动，视约束为挑战，以克服最主要约束为核心，组织其他要素。

1. 变约束为挑战

具体实施的步骤如下：首先，找出实现你的意向最主要的障碍，这一仿佛是不可克服的困境，成为激励建筑师去创造的动力。建筑师感到是对自己智力的挑战，好像棋逢对手，因为创造性往往体现在非常规地解决问题。其次，做好应对挑战的心理准备。不直接面对约束挑战，也能解决问题，只不过协调各种限制，用一个妥协的办法，也会得到一个解决方案。主动把压力加到身上，则需要勇气和智慧。

我们知道，所有的建筑设计中的制约，无论是功能的、物理的、经验的、形式的或是符号的，均可以作为构思的发生源，这是因为，人的创造性的动力源就是迎接挑战，解决别人认为是不好解决的问题，如果你越对小孩说，这是危险的，不能爬，他越要去爬。制约就是挑战。喜欢接受挑战的建筑师，条件制约越严苛，反而越能激发创造的乐趣。贝聿铭设计的美国国家美术东馆，形状特殊的用地条件却造就了一个伟大的作品，三角形在建筑设计中是最不好利用和布置的，而设计者一条对角线穿过梯形的直角顶点，将用地分为一个等腰三角形和一个直角三角形，这条线成为东馆绝妙设计的发端。贝聿铭设计的另一个作品香港中银大厦，地段那么狭窄，资金那么少，又要解决港湾海风对高层建筑的稳定的影响，所有这些苛刻的条件，反而激发出设计师解决它的强烈欲望和创造激情，从而建出能超越汇丰银行大楼。

这些约束条件在实际中是怎么样被利用的，以什么为重点，这一切恰恰是区别建筑师特点的方面。如悉尼歌剧院的设计师伍重最初强调的是歌剧院的外形设计和符号意义，并没注重内部的基本功能要求。

建筑师如何突破约束呢？日本著名建筑师丹下健三谈过自己的切身体会。几年前，他受委托规划和设计一所艺术学院、一座新的剧院，并在美国知名建筑师麦金、米德和怀特等人设计的明尼阿波利斯美术馆两侧进行扩建。设计的核心问题在于美术馆本身，它的立面是文艺复兴式的。和业主一起讨论后业主提出要在新扩建部分的设计中，把原有美术馆的建筑风格作为一个母题，这使丹下健三十分为难。首先，他得使用一种没有足够经验的设计方法：文艺复兴式砖石建筑的表现法；其次，采用和原有美术馆一样的石材会明显提高造价。最后，他选择了白色的釉面砖。

明尼阿波利斯几座建筑中的砖墙是正统做法：砖墙自基础向上，并用钢材加固。只有跨度过大，不可能用砖墙的地方，才使用钢架和幕墙。同时，在大敞口的地方用了钢过梁。新扩建的部分却使用新型的釉面砖，在一幢建筑上使用完全不同的两种做法，这是对他的挑战，也是一个研究砖结构的很好机会，至此，通过创造性的转化，把新旧建筑协调起来。

2. 正确看待构思发展中的制约因素

在众多的制约条件中，功能和环境对构思的影响尤其显著。功能从性质上规定了一个建筑物的用途，使构思从一开始就具备明确的目的性；环境则在场所方面对该建筑物的方位、朝向、流线等产生重要的影响。此外，业主的个人愿望、构思主体的习惯思维模式、构思群体的内部配合的有效性、建筑师的设计概念以及构思模式的选择等都是影响构思顺利发展的重要因素。以下仅从功能、环境、业主三个方面讨论它们与构思的相互关系。

（1）功能要求

无论什么建筑，都必须满足功能要求，因为大量性的建筑毕竟还是以功能为主的。设计者要能熟练地展开构思，就必须熟悉各种功能间的关系，掌握并能灵活运用解决这类建筑功能问题的基本方法和空间组织的基本特征。只有在熟悉这些常规或范式的情况下，才有可能在创新意念的激励下，作出独特的构思。

在构思中，并非所有的功能问题都对构思具有同样重要的意义。往往是那些最主要的功能或者某种具有包容性、可塑性的次要功能对构思产生重要影响。建筑师可以从主要功能的要求中得到启发，例如设计一个博物馆，其主要功能是"三线"的要求，即参观流线、光线和视线，它们构成了构思的重要考虑对象，其中，又以参观路线对构思更为重要。许多出色的博物馆设计，都在人流的组织上体现出独特的构思。同样，构思也可以从次要功能的不严格要求中找到可资利用的因素。例如建筑中的某些公共空间，或某些辅助空间，如楼梯间，就具有这种模糊的弹性，使空间的形体塑造具有多变的可能性。

（2）环境条件

"环境"是一个内涵极为丰富的概念。它至少包含三个方面的内容：①建筑物所处的基地情况；②周围的建筑物及自然风貌；③环境中的文脉关系。这三方面的内容对构思的发展都有一定的影响。

在构思中，建筑师一方面通过环境分析，把握环境中的景观特征，了解文脉关系、地形特点及其对建筑可能产生的影响；另一方面，通过分析所设计的对象在地段环境中的地位及所扮演的角色，决定构思的倾向性。假如环境价值甚高，就着重考虑建筑物与环境的相互关系，建立和谐的沟通和对话；反之，倘若环境不怎么重要，构思的焦点就应放在自身形象的塑造上，争取以独特的形象控制周围的环境。例如，日本建筑师矶崎新设计的神冈町舍"像一只宇宙飞船"，其庞大的体积、阴冷光洁的外表，跟当地灰黑的、拘谨的和有传统屋顶轮廓的建筑环境形成了鲜明的反差。建筑师显然不考虑与地段环境的联系，而只关注自我的表现。

环境中隐藏着许多对构思极为有用的因素，关键看你是否善于挖掘。日本建筑师桢文彦特别强调环境对构思的重要性。他说："对客观的环境条件不要简化及歪曲，所有的条件对建筑的构思都有合理的意义，要积极摄取。"

(3) 业主意愿

在构思中，业主的要求或意愿与建筑师的自主权之间构成了一对相互消长的矛盾。业主意愿越明确严格，建筑师的构思自由度就越小；反之，要是业主充分信赖建筑师，他就会放手让建筑师去干，反而能够充分激发建筑师的创作热情。建筑师提出来的构想，只要是富于创意的，也往往容易获得业主的青睐。

建筑师一般总是把自己视为业主要求的当然解释者，并按着自己对"要求"的理解展开构思。那种过分的限定（如每层面积不得超过多少平方米，平面应取什么形状，外观造型应当像什么样子等等）以及不切实际或者不着边际的要求，对一个社会责任感强烈、意欲通过任务来提高水平的建筑师来说，可能是难以忍受的。当然，建筑师也应当看到，业主有正当的理由坚持把某些东西结合进去，或者取消某些在他看来不可理解的东西。

一个良好的业主要求，既表现出对构思的严格制约，又能反过来激励构思的灵感。在这些要求中，有的偏于功能方面、技术方面，有的则强调艺术的或精神方面的东西。原则上说，功能技术方面的要求是比较容易满足的，其解决方法的优劣也较易加以客观评价，但艺术或精神方面的要求就较难把握，只能是见仁见智，没有公认的法则。

路易斯·康在接受萨尔克生物研究所的设计委托时，业主（一名科学家）向他提出一个有趣的要求："有件事我但愿得以实现，这就是我希望能把毕加索请到这个实验室来"。这种"无可量度"的建筑要求（已经抛开了建筑物的实际用途），使康大受鼓舞。康决定把这一研究生物学的建筑群当作一个神坛似的场所来创作。

练习 3

(1) 在一宽 6m，长 15m 的狭长基地内设计一艺术馆。

(2) 在一地处周围环境为中国传统古建筑群的基地上设计一业主要求的欧式古典主义会所。

五、重定中心

重定中心(Recentering)是创造性解决问题运用的一个非常有效的思维方法，它可以帮助我们认识到自己的片面性，从而抓住问题实质，改变问题各部分的关系，在整体上达到问题的最有效解决。

1. 什么是重定中心

为了便于理解，我们先以一个心理学的例子来说明重定中心过程的要点与意义。

韦特海默在他的《创造性思维》一书中曾讲了这样一个研究案

例：男孩 A 12 岁、B 10 岁，两人一起打羽毛球，前者比后者的水平高许多。韦特海默在能看见和听见他们，他们却不知道的地方对他们进行观察。

连打数局，B 屡败不胜，后来，B 扔下球拍不打了。经过一段劝说不通而无奈的难堪局面，A 忽然说他有个新打法：让球在他们之间打来打去而不让它落地，看能坚持打多少次。B 愉快地同意了，两个孩子便重新以一种明显的友善方式高兴地玩起来。

韦特海默对上述过程作了甚为详细的叙述和分析。在我们看来，其中最重要的还是他通过对这一问题解决过程的分析所表明的观点。韦特海默认为，该问题的解决，对于男孩 A 来说，决不仅是一个技术性的事件，而是蕴含着从表面的尝试性地去摆脱困扰，转变为面对根本性的结构问题，并以一种产生式的方式对它作出处理。

开始，A 在整个情境中，将"自我"放在"中心"。其他几个方面，如男孩 B、游戏规则的意义、作用都受其"自我中心"的决定。极而言之，B 在其中所处的只不过是一个 A 的战胜品的地位。结果，游戏便以遭到 B 的拒绝而告终。所幸的是，A 没有一直坚持这种片面观点，因为他开始现实地看待整个情境：如果以游戏本身性质和需要为中心，他们则都是其中的部分。重定中心，事物内部结构都产生了变化，于是，问题也就立即得到解决。

在建筑设计中，有时过于强调某一点作为设计出发点或切入点，使这一点成为中心，不考虑其他与此问题相关的因素（这些因素如同男孩 B、游戏规则等），往往会由于无法满足设计中其他因素的需求而使之趋于片面，成为不合理、不理想的解题思路。我们知道，各种问题本身可以用因素表示。在诸因素中，常见的情况是每一个因素均有好几个可能的解，但根据某一因素选定的某一解决办法可能会促使其他因素的解决，也可能会妨碍另一些因素的解决。对于某一目的满足并不取决于单一属性所发生的状态，而是许多状态的交叉关系。因此在确定中心问题时，不仅要明确此目的是否是设计情景的实质，而且要明确其他属性的理想状态和极限状态，从而建立各个目的都可接受的区域，形成合理的结构形态。

沈阳科普公园的设计竞赛中有一个三等奖的设计作品，在设计问题切入点上虽说是一个非常好的设计理念但却过于专注于此问题，使之与公园的其他设计因素相比较而言不太协调。设计者在设计时，从科学的理性、走进科学的艰难入手，在总平面设计上，以规整的科技点形成矩阵网络，点与点之间的联系是隐形的、理性的，暗喻科学的唯理；以一条曲折的环路将各点联系，曲折和联通暗喻了探索科学的艰难（图 9-15）。从设计的角度来讲，这是一个非常好的思考点，但曲折的园路同时也形成了此方案败笔：过于扭转，有些地方过于牵强，在这一点上不符合公园路型的设计原则。这个例子过于强调对科

图 9-15　沈阳科普公园设计投标三等奖方案

学的理解，却忽视了设计中的基本要素。若重定中心稍加调整，将是一个非常好的设计方案。

2. 重定中心的要点

重定中心包含三层含义：

（1）重定中心的操作是从一种片面的观点，转向为更符合客观要求的全面的观点。

（2）改变各部分的意义，使它们的结构地位、作用和功能都达到一种新的和谐。

（3）重定中心是设计方案总体的调整，是设计者通过抓住问题的关键，带动了全局的变化。

著名建筑师张永和，1986 年参加日本《新建筑》住宅设计竞赛获一等奖。在参赛过程中，有全面的分析、紧张的构思，也有不经意的启示和灵感的爆发。他一度得到了一个好象很不错的方案，结果却忍痛放弃了，重新调整思路，最终他把自己引向了成功。

设计题目是想像一个在高密度市区中四面临街的 $300 \times 300 \times 300$ 英尺的立方，在其中设计一个居住建筑，该建筑必须触到立方体的六个面(彩图 9-1)。

张永和下手之前首先想到的是美国城市中的流浪汉收容所，又称无家可归者之家。其性质和旅馆相似，但没有单间，两间大通仓，一男一女。厕所、浴室、饭堂都是公用的。接着他又想到美国城市的另一特殊现象：大量的单身人口，他们住在传统的独门独户的公寓里，孤独寂寞是个大问题。把无家可归者之家的集体生活方式借鉴到单身住宅设计中来，是他第一个设计方案的中心思想。设计的建筑形式也是借来的——中国福建客家民居。在 300 英尺立方体中放了三圈建筑，分别是入口更衣厕浴、厨房餐厅、起居卧室（从里到外）。这个顺序是根据大部分单身汉下班后的生活习惯排列的，私密性从入口到卧室层层递减。此方案具有很强的批判性和讽刺性，但做为解决实际问题的手段，它显得很单薄，而且归根结底，方案所示的生活方式和传统的学生宿舍大同小异。设计就此停滞不前了。

当时张永和正在找房子租住，偶尔在报纸上看到一则广告："四间房单身汉公寓出租"。四间房间实际上是起居室、卧室、厨房、厕所，大的大，小的小。他看了这套公寓，一下子为设计打开了两条新的思路：第一，重新研究了单身汉下班后的活动顺序后，意识到原来设计依据的生活模式尽管具有普遍性，但它是一个僵死的东西，不能包容许多因人而异的因素。第二，开始考虑空间和家具的关系，发现了家具限定空间的功能，特别是想到了传统的东方住宅的灵活空间。根据上述的想法，设计重新开始，原来的考虑减轻单身城市居民孤独问题的努力放弃了。

他的获奖方案是一个透明的正立方体。

"单身公寓"——一个未婚城市居民的矛盾。

确定空间体现了对方便的需要，是正视现实的、都市性的、理性的、功能性的。

不确定空间体现了对自由的渴望，是追求理想的、非都市性的、感情的、精神的。

在确定性空间里求变化，在不确定性空间里求统一。

措施：四间可以任意排列组合的房间。"

每个居民就都有机会参与自己"家"的建设。因此这个寓所也就会更像一个"家"。居民也就更具有主人翁的精神，而不是自己住所的俘虏。家具在作为空间限定因素之后，它失掉了原来的意义。

从中心过道到结构外缘是：洞、阁、亭、台。大结构的平面是以中心过道为轴而对称的，大结构的每个开间中都将插入一个单元。四间房的惟一区别是建筑性的：台，开敞；亭，半开敞，四根柱；阁，半封闭，两根柱；洞，封闭。每个房间中心有管道孔，具有上下水、电、煤气诸管线。

近些年来，认知心理学研究丰富和发展了有关创造性解决问题的理论。特别是元认知理论，解释了高级的思维程序是如何监控着人的解决问题的过程。韦特海默有关重定中心的观点是创造性解决问题的重要策略之一。学会有意识地运用这一策略，能执行对整个设计过程进行统筹的作用，能主导我们的注意力，选择恰当的时间，从问题的一个方面转向另一个方面，或者以新的力法重新组织所感受到的东西。这些都属于元认知能力。

3. 打破思维定势

重定中心涉及到打破思维定势。

"定势"是一个心理学术语，是指心理活动的一种准备状态，影响或决定着后继心理活动的趋势。它使人们按照一种固定了的倾向去反映现实，从而表现出心理活动的趋向性和专注性。

定势效应常常是不自觉的，它在许多场合不知不觉地影响着主体的创作倾向和创作态度。

在建筑构思中表现的心理定势主要是思维定势。思维定势就是"准备进行特殊的思维过程"。它使我们每次在新的任务面前，习惯于按照固定的思路进行特殊的思考和创作。这种定势一旦形成就难以改变，除非作出有意识的努力。贝弗里奇曾说："我们的思想每采取特定的思路一次，下一次采取同样思路的可能也就越大"。

思维定势对构思的影响主要表现在以下两个方面：①它在一定程度上阻碍了建筑师构思的创造性，使思路狭窄、固化，不能从独到的角度提出崭新的构思；②它还影响构思的灵活性，使建筑师不能在适当的和必要的时候及时地转移构思方向，以便多方面地探索发展的可能性。

如果建筑师在构思中不断地重复过去，就会形成构思惯性。惯性对创造性来说是致命的，相反，灵活性则是创造性的基础。在创作中，能否摆脱思维定势的影响是衡量构思是否灵活的重要标志。

打破思维定势的一个有效办法就是放下手中的工作，去干别的事。在长期艰苦思考无法奏效时，使自己放松一下，往往一些好主意从天而降。原因是紧张的逻辑思考禁锢了其他信息的介入，只有在放松状态下，表面不相关实际上有用的信息进入思考过程，你才会有"啊！我过去怎么没想到！"的惊讶。法国建筑大师保罗·安德鲁曾说过"我发现在设计创作过程中，除了对逻辑、条理和建筑本身的考虑之外，常常有某种潜意识的东西在我毫无知觉的情况下萌芽、发展，最终成为整个设计的点睛之笔和最具创新精神的部分。往往是在设计完成之后我才意识到这一点。"

创造性的构思一般都要经过多次的反复和波折才能获得。原始构想在发展中由于碰到某种无法逾越的障碍或是主体的自我否定而遭遇挫折是司空见惯的。而此时不仅要学会放弃，多方向思考最重要的还要让大脑适时休息，唤起思维的潜意识，激发灵感，创造心理学的理论认为，机遇往往不是出现在思维持续紧张的时刻，而总是在创作主体适时的放松、休息、娱乐或交谈、阅读等随机活动中出现。齐康先生在构思南京大屠杀纪念馆的初期阶段，仍然沿着以往的纵深轴线、对称布局、深远空间、过渡序列等老路走，结果得到的第一个方案，是一组对称轴线的群组，沿着弧形的纪念馆正立面，悬挂着13块板，分别记载着十三个大屠杀场地的悲惨史实。面对这样一个没有多少新意的方案，作者深为苦恼。一位同事来访，见他正勾着对称的方案图，就说：为什么一定是对称的呢？说着，就在这对称的草图旁勾了两个不对称的示意图。一句话，两幅图，犹如当头棒喝，使作者从惯性思维中解脱出来，看到了用不对称布局创造悲剧气氛的新前景。

同学们经常会遇到这种情况，最好的解决办法是保证身体状态松弛，大脑状态紧张。在思考不下去的时候，可以翻翻资料，听听音乐，多与人交流。具体的思维水平转化方法有禅定法、瑜珈法和瞑想法。

练习4 在这里我们借用心理学的一道放松训练题

（1）清除杂念。

①舒服地坐直，手放在大腿上，闭上眼睛，只用一分钟领会你的想法，但不要去判断它。②慢慢地开始呼吸。"闭上嘴，让空气从鼻孔进出，注意吸气——停——呼气——停的整个周期。"③对呼吸计数。吸气数1，呼气数2，直至数到10，然后重新开始数。④开始分散注意力。慢慢地放松眼睛，让你的脑子变成空白。当你能够放松时，就能做到这一点。如果出现想法，断然拒绝之，不要注意它们，追随它们，慢慢地进入安静状态。

（2）参考"四间房"的设计实例，重新确定设计中心进行设计。

六、思维操作的灵活转化

思维操作的转化，指能够促进思维从一种操作向另一种操作的转化，包括从分析转到综合，从归纳转化到演绎，从发散转到收敛，从横向转到纵向等"跳跃思维"的操作。

在前几章中，我们已经讲到了联想、对比、想像、逆向思维、两面神思维等等。在建筑设计构思中，要能综合运用各种思维的操作。建筑设计过程本身就是一个错综复杂的过程，既需要有对设计问题的综合分析和建筑空间组织形式的归纳演绎的逻辑思维，又要有对建筑造型、建筑细部构造联想和想像的形象思维，单一的思维过程难以形成新颖的构思。建筑设计的创作是逻辑思维与非逻辑思维协作统一。

一般而言，在构思的前期倾向于逻辑思维，我们曾作过建筑师创作访谈，了解建筑师的创作过程。在访谈过程中，86%的建筑师认为自己主要是从理性分析开始进行建筑设计，方案从收集信息、确定问题、方案比较到寻求解决途径都是运用逻辑思维归纳、比较、综合、分析。在构思深入阶段对建筑空间组织、功能布局上侧重于归纳演绎，侧重于对设计条件的分析、综合。建筑设计主体思维是以逻辑思维为主，这主要是由于建筑最基本的特性决定的，建筑是实实在在存在的，它需要塑造空间供人使用，合理的功能、准确的流线，相应的建筑形式，相关的建筑技术，必须经过综合分析，比较而获得。正如某建筑师所言："我是经历了这样一个思考过程：上大学时，一直以为建筑应该像个什么东西，但是现在以为建筑不是一个感性的东西，而是在各个方面都考虑到后，逐渐推理得到的必然结果，我越来越觉得建筑不是感性的，一拍脑袋拍出个外形，而是一个理性思考的过程。"

　　但建筑设计需要激情，需要有感性的东西，"有感性的东西，往往是有特点的设计"。在建筑形象构思中建筑师则倾向于形象思维，侧重于通过联想、想像获得灵感和顿悟。运用"联想"、"直觉"思考往往是建筑设计中"灵感"出现、出彩儿的地方。保罗·安德鲁的"开罗国际机场"第二候机楼的设计构思，则来源于联想到菊竹清训的住宅而随手勾画的一张草图，该住宅像板凳一样，靠底部四点支撑着。除此之外，没有其他特别的原因，只是从勾画中逐渐生成了该建筑的形象（图 9-16）。

图 9-16　开罗国际机场第二候机楼草图

　　建筑设计是逻辑思维与非逻辑思维的统一协作，在构思过程中两种思维方式是灵活使用的，下面总结了建筑师设计创作构思过程的思维特点及心理状态（表 9-2），我们可以参考、对照、比较。

创作构思过程的思维特点及心理状态　　　　　　　表 9-2

阶　段	思 考 内 容	思维特征		心理状态
准备阶段	阅读任务书	理性思维	以理性为主	平静、有意识、积极、注意力集中
	现场踏勘	感性思维		
	收集资料	理性思维		
	甲方会面	感性思维		
构思阶段	发现问题	理性思维	理性与感性结合并置	紧张、有意识
	多方案比较	理性思维		
	灵感出现	感性思维		轻松、无意识、激动
	最终确定解决思路、顿悟	感性、理性		
深化阶段	细部刻画	理性下的感性	理性与感性并置，但以理性为重	紧张、有意识、注意力集中
	技术问题确定	理性		
	最终成果表现	理性下的感性		

练习 5

（1）以"鼎"字为构思出发点，设计陕西周原青铜器博物馆。

（2）"民俗文化中心设计"，以传统与现代共生为题，以南方的"街"、"巷"、"坊"为原型，提取民居中的空间模式进行设计。

第十章 构思表达与表现

在前面我们说过本篇是重在谈创造性解题，以设计问题为主线论述。那么，在这一章中，我们将构思表达与表现单列出来，并不说明构思表达与表现是最终的设计过程。实际上，构思的表达是伴随着整个设计过程的，从设计之初发现问题开始，就通过草图绘制去捕捉灵感；在构思阶段也一直通过图示语言、模型、计算机去表达设计理念，并进行形象塑造及意象的表达。这一章主要介绍构思表达与表现的要点。

第一节　构思立意表达的要点

一、统一性

围棋对弈要讲全局观，没有全局观的棋手，往往沉迷于局部的纠缠，到头来不是落了后手，就是贻误胜机。绘画构图要讲全局观，没有全局观的画家，往往醉心于细部的精雕细琢，却忘了全图的和谐统一。建筑的创作构思，同样要讲全局观，而构思立意的表达也要保证统一性。

我们有时在赋形阶段，经常会受各种各样的离异性形象（如局部的有趣的形式）的困扰，若妥协于某一细部的变迁，也许就那一细部而言可能很精彩，但由于此细部并没有将总体构思表达出来，可能造成建筑构思立意表达的不和谐音，由此导致整个建筑形象的破坏。这一点在学生作业中经常可看到。

总体构思的结果是对整个设计思路的定型，对整个建筑形象的概括把握；局部构思则是对总体构思的深化与实施，它必须服从总体构思。一个出色的建筑师不但应当具备在总体构思中作出富有成效的战略性思考的能力，同时还应具有深化构思的能力，即使是最微小的细部，也能精心构想，体现出总体的匠心。

总体构思并不总是大概的、粗略的想法。在高度概括的表现中仍然蕴含着某些细微的要素。换句话说，一个出色的总体构思，虽然整体上是粗略的、概要的，但在某些方面特别突出；这个特别突出的部分，往往是整个构思中最富有魅力的。初期意象构思中所勾画的概念性草图，最能体现总体意匠的旨趣，寥寥几笔，就能传达出整个建筑的主要特征。许多大师的构思草图充分说明了这点。

　　按照构思的意念性和意象性的不同，总体构思又有两种类型，即总体的立意和总体的意象。那些高层次的富于哲理的意图往往构成了总体立意的内容；那些在草图纸上描画的概念性草图，就经常地体现出建筑大师思维的总体意象。

二、递进性

　　上面的叙述要求构思表达统一，但另外一方面又要求建筑细部的深入。一个出色的建筑师不但应当具备在总体构思中作出富有成效和战略性思考的能力，同时还应具有深化构思的能力，即使最微小的细部，也能贯彻总体构思的表达，体现出总体的匠心。

三、重点突出

　　设计立意不仅仅讲求整体性强、层次递进清楚，为强调主题立意的特色，还应有意强化主流方面而淡化其他方面。

　　某建筑师设计的《功宅》则是重点突出主题构思。

　　功宅方案是将"气功"这一古老的、在现代中国人民生活中又获新生的文化遗产与现代的居住空间相结合，创造出的具有民族精神的现代住宅（图 10-1）。

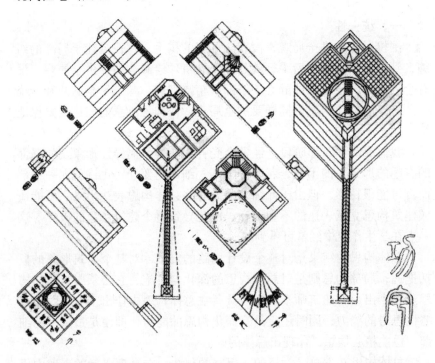

图 10-1　功宅

　　方案以正方形为母题，主入口上置正方形放射状图案，内含"数、随、止、观、还、静"六字，为隋代智恺和尚所传的气功入静六妙法，故起名为"六妙法门"。二层为卧室。一层除起居、书房、餐室、卫生间外还设有带天光的功室，与功院相通，用于切磋功艺。

功院内铺刻"子午流注图",标注出身体各部位的最佳练功时间。上空覆有圆环,暗喻天圆地方的古代宇宙观,强调空间的抽象与超脱。功室与功院各设一缝与外部相通,练功者位于院内或屋内均可透过缝隙,眯眼注视远处的孤树,直到似视非视,熟视无睹,而后通过"地尺"(一条砖砌台道)将其导入眼底,随之入静,空间化为虚无。此在气功中谓之意守外景法入静。以上我们看到从总体构思深入到主入口功室、功院、地尺,处处体现气功这一主体构思并随细部逐渐展开。

练习 1

(1)用文字描述一戈壁旅馆的设计:
风沙、古城、骆驼、石窟、落日……
(2)以"大音稀声,大象无形"的观念构想一音乐厅的造型。
(3)以"一瓢饮"、"一室居"的意象设计一"快乐"住宅。

第二节　构思立意的表现

到此为止我们已经有了一定的构思,有了一定的设计意念,对建筑形象也有了一定的想像,但这些都只停留在人们的头脑之中,只有把它们转化为可见、可闻的形式传达出来,人们才能理解和接受。在建筑创作中,建筑师通常是运用文字和草图作为表达构思立意的工具。

构思初期,建筑空间形象还很模糊,此时表现的重点就在于用概括、简练的图形抓住纷乱中闪现的点滴灵感,在此期间,我们常用草图来表达想法;在基本构思确定以后,方案进入深入阶段。这一阶段的主要内容是推敲建筑的各种关系,包括功能与形象、结构与空间、整体与细部、存在与感受等内容,这期间会根据不同内容选用不同的表现形式,运用草图、模型、计算机多方位地表现建筑;在方案完成以后,最主要的是将你的设计传达给甲方、各级行政部门及大众,对非专业人士来说,形象化的表达是最容易理解的,富有个性的效果图及模型是有力的工具。

一、意念的文字表达

语言是人们交流思想的工具,也是进行思维、形成思想的工具。思想的对象和思想过程本身,都必须依靠语言才能转变成他人思想所能把握的东西。

在建筑设计表达过程中,建筑师通过思考,往往能用关键性字眼或文字叙述来掌握方案的独特性与重要性,之后再将此关键性文字叙述转换成图解,这种关键性文字表达是构思时的一种有用技术,保罗·安德鲁在与安藤对话中曾谈到:"在设计进展过程中遇到不安时，通过返归特有语汇表达出的思想，能够重新确认建筑本应表现的东西。我的感觉是，图面表达不出的东西，能够通过语汇表现出来……在设计戴高乐机场列车车站时，我们给由玻璃构成的部分起了一个法语的名字'冰河'，以体现出这一部分所应有的特点：'洁白纯净的'、'明亮耀眼的……'"。现在的大学生竞赛，标题的提出也明确显示出文字表达的重要性。"大树下的小屋"传达的是自然与人的关系，"传统与现代的共生"传达了设计者对传统的思考。有一位设计院老总曾说过，现在的毕业生有三不会：不会说、不会写、不会记。不会说、不会写则显然表现出我们学生对文字表达构思的缺陷。

练习1

（1）根据下面一段柯布西耶走进古罗马庞贝城的诺采住宅时的体验的文字描述，绘出建筑平面草图。"又一次，小小门厅使你忘记了街道。你来到了小天井，中央四棵柱子(四个圆柱体——原注)一下子冲进屋顶的阴影里，这是力量的感觉和巨大财富的证明：正前方，透过柱廊，花园的光亮。柱廊从左到右宽宽地展开，形成一个大空间。柱廊慷慨地炫耀阳光，分布它，加强它。这柱廊与小天井之间是明间堂屋，它像照相机镜头一样收缩这景致。右侧、左侧块阴影中的空间，小小的，从那条充满意想不到的如画景色，人人都去的拥挤的街道，你走进了一个罗马人的家。……这些房间有什么用呢?这算不上问题。20世纪之后，没有历史的暗示，你还是感觉到了建筑艺术，这一切其实不过是很小的一所住宅。"

（2）对上面的一段描述提炼出一个关键的词。

二、意象的草图表现

由想像所得到的形象还是不稳定的、易变的，只有把它记录下来将其视觉化，才能实现真正的形象化。在建筑创作中，建筑师通常是运用草图作为记录想像形象的工具。达·芬奇的草图表达出设计者丰富的思想，他的草图在一页纸面上可以传达许多不同的设想；而同页纸上既有透视，又有平面、剖面和细部，又展现了他多角度的观察事物的思维方式，他的草图有时又是片断的，显得轻松而随意，设想了多种变化和开扩思路的可能性，表现出思考是探索型的、开敞的（图10-2）。现代建筑师阿尔瓦·阿尔托的草图快捷而多变，技巧圆熟，表达真实，手、眼、心密切凝聚。他的速写与草图记录了设计的发展阶段，反映了其思想的成熟（图10-3）。

草图形象在视觉上往往总是粗略和潦草的，其中有很多败笔。不过，在这些看似杂乱无章的线条构成中，常常蕴含着多元的可能性；当这张草图被蒙上一张半透明纸继续勾画发展时，这些可能性就经受了甄别，一些可能性被排除了，另一些可能性则在勾画中逐渐明朗起

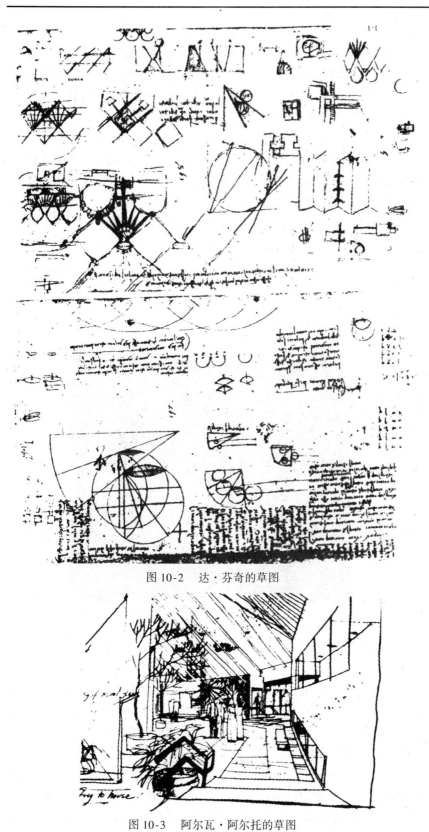

图 10-2　达·芬奇的草图

图 10-3　阿尔瓦·阿尔托的草图

来。

当想像的形象被视觉符号固定下来并被发展时，想像表现上看似乎凝固了，实则它还在传达中发挥作用，并始终伴随着草图的发展。

草图操作既是传达的一部分，又是意象构思的一个内容，因而，草图可以看作是联系构思和传达的中介，通过这个中介，构思与传达相互渗透，彼此促进。

草图，在意象构思中不仅是想像传达的媒介，同时，不断生成的草图还是对想像的不断刺激物。从草图的研究中，可以区分出几种不同的类型，它们对构思具有程度不同的影响与价值。

(1) 概念性意图，是所有草图中最有价值的部分，它记录了建筑师在构思的初期阶段最有生命力的设计构想。每一张概念性草图都至少蕴涵着一种发展的可能性，预示着一个发展的方向；每个建筑师在一段期间内所能产生的概念性草图，其数量和质量都是难以预料的 (图 10-4)；擅长发散性思维的建筑师此时正好大展宏图，而长于收敛性思维的建筑师则很可能只固守于一个思路。

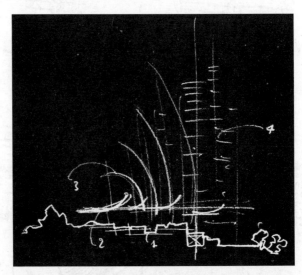

图 10-4　特杰堡文化中心草图

我们所经常见到的分析图、系统组织图、功能泡泡图也都属于概念性草图。

(2) 演绎性草图，是指从概念性草图中逐渐演变开来的草图，这种草图旨在使原始的构想进一步明确化。它记载了构思演变的全过程，而且数量众多，这个阶段多见过程草图、细部构想演变图。

(3) 多余性草图，是指那些漫不经心勾画出来的草图。这种草图表面上并无明确的方向，甚至近似涂鸦，但却是思维不愿停留于一点而试图向外扩散的努力的表现，千万不要轻视这种草图，也许你会在不经意中受到某种启发。

在具体的草图操作中，选择何种形式的草图作为表达构思的媒介是值得注意的。一般说来，大多数建筑师习惯于运用二维性平面草图构思，只在适当的时候辅以三维的透视草图。但也有一些建筑师喜欢从三维的角度先构思整体形象，待形象确定后再回到二维平面上来。德国建筑师门德尔松可谓突出，他几乎所有的作品构思均起于一个三维性的透视草图，而且完成以后的作品与初期的构思草图极为相象，比较其代表作爱因斯坦天文台的草图和作品，可以看出这点。对于图解草图的关注，随着电脑技术的发展和专业模型制作的出现而日趋减少，而实际上"创作的全部内在和谐都表现在思考性的图画中……"善用手、眼、心去表达构思会更真实、更贴近内心的思考，更有效。

练习2

（1）将萨伏伊别墅的流线系统、围合系统、结构系图、空间系统以概念性图示表现。

（2）将渔船形象转化为渔村文化中心的建筑造型，用图示将演变过程表达出来。

三、意象的模型表现

建筑是三维的，"空间"是建筑的主角。建筑设计中的一个重要特点就是三维空间的组织与变化。所以在建筑师的设计创造活动中，空间构思能力和造型设计能力是最被看重的素质。思维凭借语言来表达。建筑师往往借助徒手草图、建筑绘画、CAD绘图、建筑工程图等特殊的专业语言升华和表现构思，解释和完善意图。但也正是这些表达手段的使用，再加上我们传统的建筑设计教育体系一直存在着重技法轻方法，重感性轻理性的问题，过多的注重设计结果的图纸表达，忽视设计过程中的对建筑的体验和理解，从而使学生在学习过程中弱化了建筑是三维的空间组织这一重要特性，并普遍存在这样一些问题：进行建筑设计，从二维功能图解分析出发（这一点没有错）摆平面，功能布局确定后，直接立起相应高度封顶即完成立面，立面的设计与平面设计毫不相关，平面和立面都成了二维的平面化的构图式或构成式的设计。建筑不是内外一致相融合的空间体量，而成为几个面拼接的组合体。至于最反映空间特点的剖面，学生多数不会画或简单画两笔，根本也不重视。

模型是建筑设计"语言"之一，是设计思维的物化形式，它体现了心、眼、手的配合。中国古代或谓之"法也"，有着"制而效之"的意思。《说文》注曰："以木为法曰模，以竹为之曰范，以土为型，引伸之为典型"。在营造构筑之前，利用直观的模型来衡量尺度，实在是方便不过的了。国外建筑院校利用模型辅助设计是非常普遍而有效的。利用建筑模型的制作可以帮助学生在建筑设计中进行三维空间的思考，强化三维空间的概念。

模型根据构思阶段有三种模型类型：

基地模型　在建筑设计的初始阶段，制作基地模型用于基地环境状况的分析，分析建筑用地与周围环境的关系，分析用地本身的地形地貌，帮助学生对基地环境建立一个直观的认识。尤其对于山地，一根一根的等高线让学生感觉陌生又为难，而制作基地模型通过一层一层的地势粘贴，学生了解了哪儿是山谷，哪儿是山脊，哪儿平坦，哪儿陡峭。

体量模型　在确定各部分之间关系后，利用体量模型斟酌空间形体与体量关系，进一步推敲内部空间的流线及组织。这阶段是设计的主要阶段（图 10-5）。

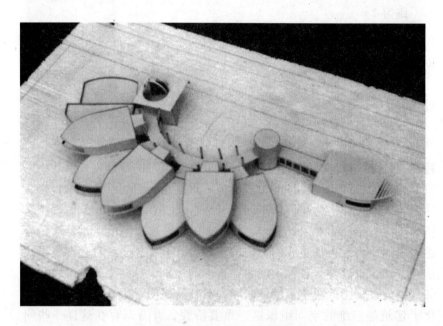

图 10-5　学生作业体量模型

实景模型　是设计方案推定之后，综合表现建筑功能、建筑空间、建筑结构、建筑材料的最终形式，也称成果模型。这阶段具体表现了设计者的一些建筑细部处理（图 10-6）。

四、计算机表现

计算机表达是近年来在建筑创作领域迅速得到广泛应用的一种表达方式。它的强大功能使得它综合了图示表达与模型表达的优点并显出巨大潜力，它使设计的结果更具理性、更准确，使二维空间与三维空间得以有机融合。

在前期方案准备阶段，有的设计与前期分析已有相关软件程序进行应用；在构思阶段，可运用计算机进行多方案的比较与推敲，可以

图 10-6 学生作业实景模型

将建筑作多种处理与表现。建立计算机模型（图 10-7），可以从不同角度进行观看，还可以模拟真实环境及进行动态演示，使建筑的形体关系、空间感觉更直接、清楚。在表达阶段，计算机可以形成平面图，并进一步生成立面与剖面图，最终生成三维效果图（彩图 10-1）。

诚然，计算机表达是多种表达方式中最有发展前途的一种，它的优越性有待进一步的开发与应用。但同时，计算机也有相应的误区。实际上，它只是一种操作工具，是通过脑、眼、手作最终表达的一种

图 10-7 计算机模型

工具。在还没有很好的控制它的时候，不能直接用它做设计，只能辅助思考。现在同学们更多的是看中了它的结果表达，认为掌握了计算机绘图技能就会提高设计能力，在设计时，还没有确定整体思路，就急于上机。实际上，这时你在用计算机绘图时，考虑的是绘图命令，并非设计想法。这样做只能过早的确定了设计结果，限制了设计的发展。

主要参考文献

1. 傅世侠、罗玲玲 . 科学创造方法论——关于科学创造与创造力研究的方法论探讨 . 中国经济出版社，2000

2. 李正明 . 发明奇径探 . 天津：天津科学技术出版社，1990

3. 赵惠田、谢燮正主编 . 发明创造学教程 . 东北工学院出版社，1988

4. [美]J. P. 吉尔福特著，施良方等译 . 创造性才能——它们的性质、用途与培养 . 北京：人民教育出版社，1991，第 35、34 页

5. Amabile, T. M. , *The Social Psychology of Creativity*, New York: Springer Verlag, 1983; *Creativity in Context*(*Update to The Social Psychology of Creativity*), Westview Press, Inc. , 1996

6. [德]韦特海默著，林宗基译 . 创造性思维 . 教育科学出版社，1987

7. [美]S. 阿瑞提著，钱岗南译 . 创造的秘密 . 辽宁人民出版社，1987

8. [德]海纳特著，陈钢林译 . 创造力 . 工人出版社，1986

9. [英]W. I. B. 贝弗里奇著，陈捷译 . 科学研究的艺术 . 科学出版社，1979

10. [美]M. H. 麦金著，王玉秋、吴明泰、于静涛译 . 怎样提高发明创造能力——视觉思维训练 . 大连理工大学出版社，1991

11. [美]W. 戈登著，林康义等译 . 综摄法——创造才能的开发 . 北京现代管理学院（内部教学资料）

12. Gordon, W. J. J. , *Famillar & Strange*, Harper and Row, 1972

13. [美]R. S. 阿尔伯特主编，方展画等译 . 天才与卓越人物——创造力的出色成就的社会心理学 . 浙江人民出版社，1988

14. 江丕权、李越、戴国强编著 . 解决问题的策略和技巧 . 科学普及出版社，1992

15. [美]查格·斯图尔特，"使熟悉的变为陌生——谈美国的'视觉思维'教学"，《环球》，1985，第 12 期

16. [英]B. 劳森著，慧晓文、罗玲玲译 . 设计师如何思考，北京现代管理学院教学参考资料（内部出版），1985

17. [美]鲁道夫·阿恩海姆著，滕守尧译 . 视觉思维 . 北京：光明日报出版社，1987

18. [美]鲁道夫·阿恩海姆著，滕守尧、朱疆源译 . 艺术与视知觉 . 北京：中国社会科学出版社，1984

19. 张钦楠 . 建筑设计方法学 . 陕西科技出版社，1995 年

20. 彭一刚 . 创意与表现 . 黑龙江科技出版社，1994 年

21. PERTER. G. ROWE 著，王昭仁译 . 设计思考 . 建筑情报季刊出版，1999 年 3 月

22. Stephen J. Kirk and Kent F. Spreckelmeyer, Creative Design Decision, Van Nostrand Reinhold Company Inc. New York, 1988

23. [美]FRANCIS. D. K. CHING，邹德侬，方千里译 . 建筑、形式、空间和秩序 .

北京：中国建筑工业出版社，1987

24. ［美］保罗．拉索著，邱贤丰等译．图解思考——建筑表现技法．北京：中国建筑工业出版社，1998

25. 罗玲玲．创造力的理论与科技创造力．东北大学出版社，1998 年

26. ［日］高桥诚著，蔡林海等译．创造技法手册．上海：上海科学普及出版社，1989 年

27. ［荷］赫曼．赫茨伯格著，仲德昆译．建筑学教程：设计原理．台北市：圣文书局，1996

28. 张春兴．现代心理学．上海：上海人民出版社，1994

29. 张伶伶著．建筑师创造思维与过程．中国建筑工业出版社，2002

30. 刑日翰编著．日翰建筑画．亚太新闻出版社

31. Paul Goldberger Richard Rogers《Richuard Meier House》Thames and Hudson Ltd, london 1996

32. ［德］Jurgen Joedicke 著．建筑设计方法论．华中工学院出版社

33. 赵巍岩著．当代建筑美学意义．南京：东南大学出版社，2001

34. 王受之著．世界现代建筑史．北京：中国建筑工业出版社，1999

35. 荆其敏，建筑环境观赏．天津：天津大学出版社，1993

36. Fuller Moore 著．赵梦琳译．结构系统概论．辽宁科学技术出版社，2001

37. 朱卫国，建筑设计构思论[J]，建筑师，1997 年，第 75 期，P44－54

38. 汪正章，建筑师的创造性思维——建筑"创作心理学"初探（之一）[J]；合肥工业大学学报（社会科学版）；1986 年 01 期，P30-35

39. 戴星、李鸣，建筑师之桥——戴欧米德岛国及建筑设计竞赛方案介绍[J]，建筑师，第 41 期，P49－60

彩图1-1

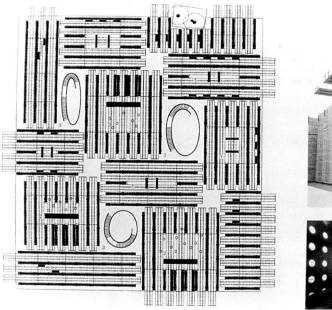

彩图1-2

彩图1-1　维特拉家具博物馆及雕塑
彩图1-2　汉诺威2000年世博会瑞士展馆

彩图3-1

彩图3-2

彩图3-1　罗密欧与朱丽叶风车塔
彩图3-2　西塔里埃森

彩图3-3

彩图3-4

彩图3-3　筑波中心广场鸟瞰图
彩图3-4　列杜和格雷夫斯两种立面的混合物

彩图3-5

彩图3-6

彩图3-5　列杜和格雷夫斯两种立面的混合物
彩图3-6　摩尔的意大利广场和哈普林的景观

彩图4-1

彩图4-2

彩图4-1　巴西利亚"国民议会"大厦
彩图4-2　甲午战争纪念馆

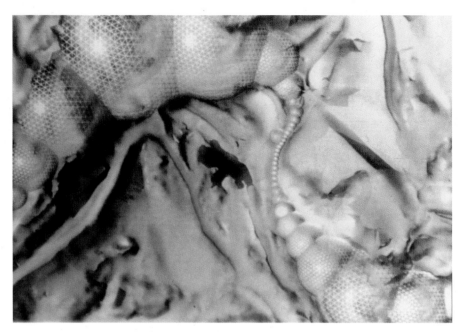

彩图4-3

彩图4-4

彩图4-3　伊甸园全球植物展览馆
彩图4-4　京都府立陶板名画庭院

彩图4-5

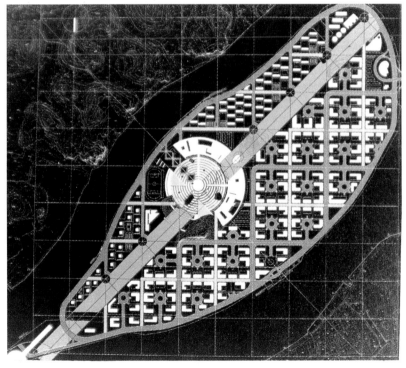

彩图4-6

彩图4-5　新帕德里·皮奥大讲堂平面
彩图4-6　广州生物岛的规划设计

彩图4-7

彩图4-8

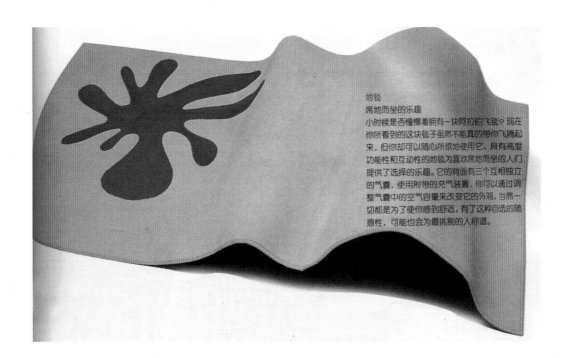

地毯
席地而坐的乐趣
小时候是否憧憬着拥有一块阿拉伯飞毯？现在你所看到的这块毯子虽然不能真的带你飞腾起来，但你却可以随心所欲地使用它。具有高度功能性和互动性的地毯为喜欢席地而坐的人们提供了选择的乐趣。它的背面有三个互相独立的气囊，使用附带的充气装置，你可以通过调整气囊中的空气容量来改变它的外观，当然一切都是为了使你感到舒适。有了这种自选的随意性，可能也会为最挑剔的人称道。

彩图4-9

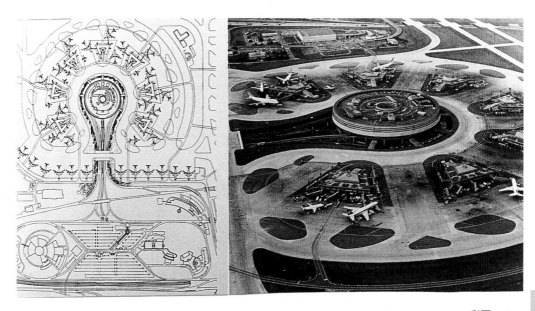

彩图5-1

彩图4-9　阿拉伯飞毯与坐垫
彩图5-1　查尔斯—戴高乐机场第一航空港候机楼

彩图5-2

彩图6-1

彩图5-2　查尔斯—戴高乐机场ABCD候机楼
彩图6-1　劳埃德保险公司和银行大楼

彩图6-2

彩图6-3

彩图6-2　海尔艺术博物馆
彩图6-3　六甲集合住宅

彩图9-1

彩图10-1

彩图9-1　四间房
彩图10-1　计算机效果图